测井工安全生产标准化培训教材

《测井工安全生产标准化培训教材》编写组 ◎ 编

石油工业出版社

内容提要

本书围绕测井工安全生产和标准化作业要求，主要包括测井标准化基础知识、测井工标准化现场知识、测井工标准化操作知识、应急管理知识等内容。

本书可作为测井工安全生产标准化培训教材，也可供有关专业工作人员阅读使用。

图书在版编目（CIP）数据

测井工安全生产标准化培训教材/《测井工安全生产标准化培训教材》编写组编．－－北京：石油工业出版社，2025.1．－－ ISBN 978-7-5183-7224-9

Ⅰ．TE151-65

中国国家版本馆 CIP 数据核字第 2024HY8112 号

出版发行：石油工业出版社

（北京安定门外安华里2区1号楼　100011）

网　　址：www.petropub.com

编辑部：（010）64523552　　图书营销中心：（010）64523633

经　　销：全国新华书店

印　　刷：北京中石油彩色印刷有限责任公司

2025年1月第1版　2025年1月第1次印刷

787×1092 毫米　开本：1/16　印张：14.25

字数：230千字

定价：125.00元

（如出现印装质量问题，我社图书营销中心负责调换）

版权所有，翻印必究

《测井工安全生产标准化培训教材》

编委会

主　　任：陈　宝

副 主 任：周　扬　沙　峰　李文彬　董国敏　吴　寒

委　　员：（以姓氏笔画为序）

　　　　　王　成　　王红彬　　王俊杰　　白松涛　　冯尚坤　　冯相君

　　　　　全晓斌　　刘　晖　　刘旭春　　许思勇　　李　鹏　　李庆合

　　　　　杨永杰　　杨继波　　张　斌　　张士川　　张柏元　　陈　文

　　　　　陈　斌　　金振汉　　施宇峰　　秦建国　　贾向东　　彭科普

　　　　　雷绿银　　裴敏杰　　滕　朔

《测井工安全生产标准化培训教材》

编 写 组

组　　　长：冯相君

副 组 长：张志江　许　琦　牛宏斌　王　旭

编写人员：（以姓氏笔画为序）

丁海琨	万　波	马　锴	马江湖	马秉峰	王　伟
王　琦	王永刚	王利国	王思鹏	王海东	井　嵬
井　毅	计　玮	石　岩	石志强	田　旭	田赟蕾
白雪原	邢　军	乔伟刚	任卫东	刘　晗	刘　博
刘君华	刘其斌	安小龙	孙善超	苏　帅	李　哲
李华锋	李园媛	李明学	李明慧	李鹏飞	吴道伟
何玉阳	何柏峰	何超炜	辛守涛	沈继斌	张　利
张　磊	张东明	张馨月	陈辉强	苟晓峰	周子剑
郑伟群	赵婉婷	赵喜亮	荆常宝	胡立志	胡荣维
侯文平	姜　乔	姜忠朋	徐　拥	郭　磊	崔树学
景　阳	鲍文刚	翟云龙	薛　博		

前言

测井是油气勘探开发过程中的重要环节。作为测井工，在测井生产准备、现场施工等方面肩负重要职责，对其安全生产能力和专业技术都有很高的要求。为了满足现场安全施工需要，提高测井工安全生产和标准化作业能力，确保安全施工、提高质量，中国石油集团测井有限公司（以下简称"公司"）质量健康安全环保部组织有关专家和工程技术人员编写了本书。

本书编写以方便实用、突出安全、注重规范、满足现场为原则，内容主要包括裸眼井施工与射孔作业两部分专业知识和技能，以及公共知识及技能。测井工可根据自身所从事的工作选择相应的内容进行学习。

本书由多人平行编写，最终合并取优。成稿后广泛听取各级领导、专家及一线工程技术人员意见，反复讨论，多次删减、补充、完善和审定。本书凝聚了众多专家和测井工程技术人员的专业知识技能与工作经验，具有较高的参考价值，期望能够对测井现场施工有所帮助。

在本书编写过程中，得到了公司市场生产部的关心与指导，以及中国石油集团测井有限公司西南分公司、大庆分公司、天津分公司、培训中心等单位的大力支持。在此对各有关单位、领导和专家给予的大力帮助表示衷心感谢！

由于编者水平有限，时间仓促，疏漏之处在所难免，恳请批评指正。

编者
2024 年 8 月

目录

第一章 测井标准化基础知识 … 1

第一节 测井作业概述 … 1
第二节 射孔作业概述 … 4
第三节 放射性知识 … 5
第四节 硫化氢知识 … 7
第五节 测井公司相关要求 … 9
第六节 HSE 管理工具方法 … 13

第二章 测井工标准化现场知识 … 25

第一节 个人防护 … 25
第二节 井下仪器的保养 … 28
第三节 井下仪器的连接检查 … 31
第四节 测井辅助设备 … 36
第五节 测井井控设备 … 58
第六节 井口工器具及材料 … 70
第七节 射孔器材及配套装备 … 72
第八节 常用操作技能 … 78

第三章 测井工标准化操作知识 … 95

第一节 裸眼井测井标准化操作 … 95
第二节 生产测井（欠平衡测井）标准化操作 … 134

第三节　油管（钻具）输送射孔标准化操作 …………………… 145
第四节　电缆输送射孔标准化操作 ……………………………… 165
第五节　桥射联作标准化操作 …………………………………… 175

第四章　应急管理知识 ……………………………………… 199
第一节　应急处置 ………………………………………………… 199
第二节　急救知识 ………………………………………………… 207

第一章　测井标准化基础知识

第一节　测井作业概述

一、测井的概念

地球物理测井也叫油矿地球物理或矿场地球物理测井，简称测井，是对井下地层及井的技术状况进行测量，它是将地质信息转换成物理信号，然后再把物理信号反演回地质信息的一种技术。图1-1-1所示为电缆测井现场作业示意图。

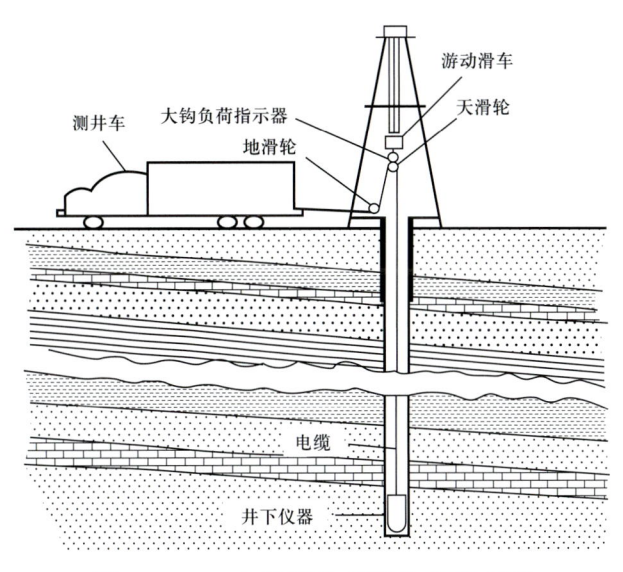

图1-1-1　电缆测井现场作业示意图

在油气田勘探与开发过程中，测井可以获得各种石油地质及工程技术资料，是确定和评价油、气层的重要手段之一，也是解决一系列地质问题的重要手段。它能直接为石油地质和工程技术人员提供各项资料和数据。所以，测井被形象地称为勘探开发的"眼睛"，是不可或缺的技术手段。图1-1-2为测井曲线图。

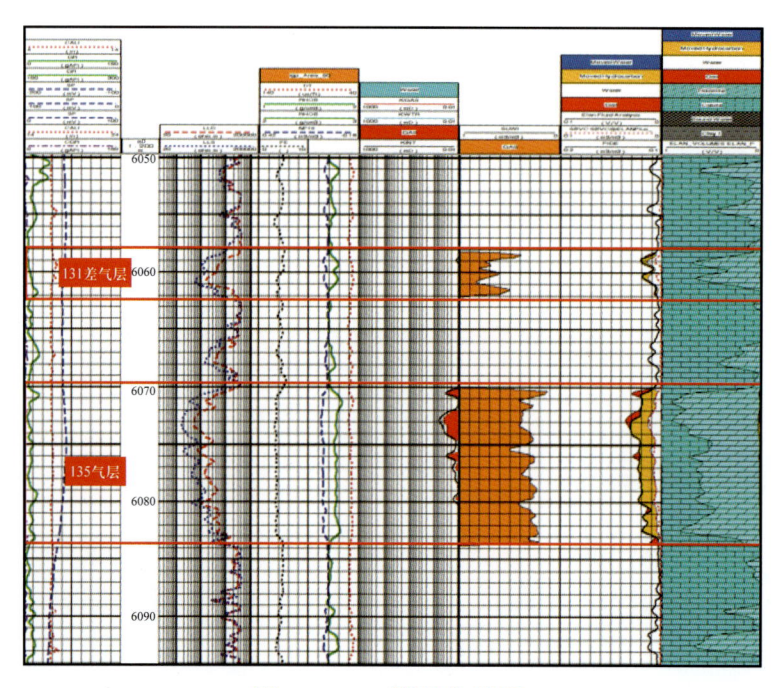

图 1-1-2　测井曲线图

二、测井分类及内容

根据需要，人们研制了各种测井仪器，从而形成了相应的各种测井方法。

（一）测井分类

从油气田的勘探和开发生产两大阶段来讲，可将测井分为完井测井和生产测井两大类。

完井测井是指在钻井过程中和钻到设计井深后所进行的一系列测井项目，图 1-1-3 为完井测井施工现场；生产测井是指油气井完井后及其整个生产过程中所进行的一系列测井工作，以了解和分析油气藏的动态特性，提高油气产量和采收率及了解井下的技术状况，图 1-1-4 为生产测井施工现场。

（二）测井系列及测井内容

1. 勘探测井

（1）电法测井：以岩石导电性质为基础的测井方法。包括侧向测井、微球形聚集测井、感应测井、微电阻率成像测井、地层倾角测井等。

图 1-1-3　完井测井施工现场　　　　图 1-1-4　生产测井施工现场

（2）声波测井：以岩石弹性为基础的测井方法。如声波时差测井、阵列声波测井、声成像测井等。

（3）放射性测井：以岩石原子物理及核物理性质为基础的测井方法。如自然伽马测井、密度测井、中子测井、伽马能谱测井等。

（4）其他测井：如井径测井、自然电位测井、核磁共振测井、井壁取心、地层测试等。

2. 生产测井

生产测井主要用于套管井的测井作业。主要提供以下服务内容：

（1）井下压力、温度、流量、流体密度测井。

（2）确定出水层位。

（3）确定窜槽位置。

（4）判断剩余油饱和度。

（5）同位素示踪测井、自然伽马能谱测井、碳氧比测井。

（6）油层动态分析。

（7）工程测井等。

其中工程测井作业主要是为试油、完井、解卡、修井、采油等服务。常用的作业项目有：

（1）射孔作业。它是用炸药爆炸形成高能射流，射穿套管、水泥环与地层沟通油气流通道的作业。主要有电缆输送套管射孔、电缆输送过油管套管射孔和油管输送射孔三种工艺类型。

（2）水泥胶结测井。主要用于检查固井质量。

（3）测钻杆遇卡位置和爆炸松扣。

（4）爆炸切割钻杆和油管。

由上述各种测井项目可以看出，测井作业在油、气田勘探与开发过程中是非常重要和必不可少的环节。

第二节　射孔作业概述

射孔是目前主要的完井方法。钻井队钻至设计井深后，应用测井、录井等方法确定油气层的深度、厚度、岩性等参数，在井内下入套管，用水泥将套管和井壁间的环形空间全部封固，防止井身垮塌和不同层位的油气水互相窜通，然后通过射孔建立井筒与目的层之间的油气通道，进行试油或求产。

一、射孔目的

射孔的目的就是要射穿套管、水泥环和地层内一定的深度，为地层的油气流入至井筒，造成一个畅通的通道。

射孔应满足以下要求：

（1）有一定射孔穿透深度，能够射穿地层的污染带。

（2）射孔孔眼干净。干净的孔眼可减小射孔对地层的污染，提高产能。

（3）优化射孔参数。根据地层需要，选择最佳的孔密和相位，以取得最佳的射孔效果，并且不破坏套管和水泥环。

（4）射孔深度准确。能够按设计准确打开目的层。

（5）保证安全施工，避免射孔器落井及中途自爆等事故发生。

二、射孔原理

利用聚能射孔弹爆炸时产生的高能射流，射穿套管、水泥环打到地层上，使岩石迅速崩解、破碎，后续射流又将这些破碎物挤入地层，从而形成了一个由目的层（油气层）通向井筒的油气通道。

射孔弹穿出孔道的长度目前最高达 2m，孔道直径一般在几毫米至二十多毫米。

第三节　放射性知识

一、放射源

放射性测井为油气田勘探与开发提供必不可少的物理参数。放射性测井所使用的放射源，因射线类型不同，主要分为中子测井源和伽马测井源两大类（图 1-3-1、图 1-3-2）。

图 1-3-1　中子测井源　　　　图 1-3-2　伽马测井源（密度源）

放射源对人体有一定的伤害，中国石油集团测井有限公司（以下简称"公司"）按照国家法规要求建立了《中国石油集团测井有限公司放射性物品管理规定》（测井安全〔2022〕147 号）、《中国石油集团测井有限公司作业队放射性物品使用注意事项》（测井安全〔2020〕52 号）及《中国石油集团测井有限公司职业卫生和员工健康管理规定》（测井安全〔2023〕41 号），同时采取了必要措施，确保放射性从业人员不会造成身体健康的损伤。

二、放射性射线的防护原则与手段

在使用的放射源活度不变的情况下，放射性工作人员所接受的外辐射剂量的大小，与照射距离的远近、照射时间的长短以及屏蔽物的使用有着直接的关系。图 1-3-3 井口装源现场图。

把距离防护、时间防护、屏蔽防护称为放射性外照射防护原则，也称为放射性外照射防护三要素。

图 1-3-3　井口装源现场图

（一）距离防护

放射性射线的通量与距离的平方成反比。所以，在使用放射源时，在保证工作顺利的条件下，应尽可能地增大人体与放射源之间的距离，使人体受到照射的剂量降到最低限度。这要求操作者严格执行操作规程，正确使用装源工具，操作时尽量加大人体与放射源之间的距离，尽量减少人体受照射的面积。例如：手持装源工具携带放射源走动时，将放射源高举到头顶的照射面积就比平伸向侧方小得多。严禁徒手操作，因为受照剂量会明显增加。

（二）时间防护

从事放射性工作人员受到的外照射累积剂量与照射时间成正比。因此，缩短放射性照射时间也是一种防护方法。为了达到这一要求，从事放射性的工作人员必须进行安全技术培训教育，利用假源模型反复进行模拟操作，达到熟练后才能进行装源操作，以达到缩短操作时间，减少受照射剂量的目的。如果工作场所放射性强度较大，且需要较长的工作时间才能完成某项工作（例如修源），工作人员有可能达到或超过受照射剂量的限值时，应组织人员限时或限剂量操作，以避免工作人员受到伤害。

（三）屏蔽防护

屏蔽防护是依据射线通过不同物质时会被不同程度减弱的原理，在操作人员和放射源之间使用适当的屏蔽材料，以减少对人体的伤害。

金属铅对伽马射线的屏蔽能力最强，每 1cm 厚的铅板能屏蔽掉 90% 的伽马射线。因此，装卸伽马源时可戴铅眼镜、穿铅衣来实现屏蔽防护。

屏蔽中子射线应以氢含量高的物质为主。所以，石蜡、塑料、水、聚乙烯都能起防护作用。在操作中子源时，可以戴有机玻璃眼镜、穿中子防护服来起屏蔽作用。

三、放射性作业人员要求

（1）从事放射性操作人员必须经过培训，懂得有关放射源的原理、特性、安全知识和防护方法，取得放射性工作人员证。

（2）懂得测井、刻度对装卸源的要求，经过装卸源的培训和练习，操作时不紧张，做到动作熟练、准确、可靠。

（3）懂得放射源是重大危险物品，必须严防丢失、落井、泄漏和污染环境。必须严格遵守领取、押运、使用、暂存、归还的安全规定。

（4）从事放射性作业前，必须到职业病防治医院进行体检，合格者才可从事放射性工作。连续从事放射性作业人员每年进行一次放射性体检，最长不超过 24 个月；放射性作业人员在离岗前 3 个月内进行放射性体检；用人单位建立职业健康体检档案。

（5）从事放射性作业时，操作人员应佩戴个人剂量计，常规监测周期一般为 1 个月，最长不得超过 3 个月，发生异常照射等特殊情况时应立即送检。用人单位应记录放射性作业人员的个人剂量并对个人剂量进行管理：当年个人剂量应小于 50mSv，连续 5 年的有效剂量平均值应小于 20mSv。发现个人剂量接近许可值时，应暂停放射性业；发现超剂量照射时，应立即查明原因并视情况进行相应的职业健康检查。

第四节　硫化氢知识

一、硫化氢性质

硫化氢（H_2S）是一种无色、剧毒、强酸性气体。常温常压下相对密度为 1.189，比空气重，能溶于水，易聚集在低洼处。低浓度的硫化氢气体有臭蛋味，当浓度高于 4.6ppm 时（ppm 为百万分之一），由于其对人的嗅神经末梢的麻痹作用，人对其臭味反应减弱，甚至完全闻不到。硫化氢燃点为 260℃，燃烧时呈蓝色火焰，产生有毒的二氧化硫气体。当硫化氢与空气混合，浓度达 4.3%～46% 时就形成一种遇火将产生爆炸的混合物。

二、硫化氢的危害

（一）硫化氢对人体的危害

硫化氢被吸入人体，通过呼吸道，经肺部，由血液运送到人体各个器官。
（1）首先刺激呼吸道，使嗅觉钝化、咳嗽，严重时将灼伤。
（2）进入眼睛时眼睛被刺痛，严重时将失明。
（3）硫化氢刺激神经系统时，导致头晕，丧失平衡，呼吸困难。
（4）硫化氢能促使心率增加，严重时心脏缺氧而死亡。

表 1-4-1　硫化氢气体不同浓度对人体的危害

硫化氢在空气中浓度	暴露征兆和危险程度
0.13～4.6ppm	可嗅到腐臭蛋气味，对人体不产生危害
4.6～10ppm	刚接触有刺热感，但会迅速消失
10ppm（20ppm）	允许 8h 暴露值，即安全临界浓度值，超过安全临界浓度必须戴上防毒面具。各国采用的安全临界浓度值不尽相同，OSHA 标准为 10ppm，中国标准为 20ppm
50ppm	只允许接触 10min
100ppm	刺激咽喉，引起咳嗽，在 3～10min 就会损伤嗅觉神经并损坏人的眼睛，使人感到轻微头痛、恶心及脉搏加快。长时间可能使人的眼睛，咽喉受到破坏，接触 4h 以上可能导致死亡
200ppm	立即破坏嗅觉系统，眼睛、咽喉有灼烧感。长时间接触会使眼睛和喉咙遭到灼伤并可能导致死亡
500ppm	失去理智和平衡知觉，呼吸困难，2～15min 呼吸停止，如果不及时采取抢救措施，可能导致中毒者死亡
700ppm	很快失去知觉，停止呼吸，如果不立即采取措施抢救，将导致中毒者死亡
1000ppm	立即失去知觉，造成死亡或永久性脑损伤，智力损残
2000ppm	吸一口气立即死亡，抢救较困难

注：1ppm≈1.4mg/m^3。

（二）硫化氢对测井设备的影响

（1）造成仪器外壳腐蚀，使外壳容易发生氢脆而破裂，造成严重的设备损坏事故。

（2）硫化氢对测井电缆腐蚀，造成电缆断裂，导致设备落井。

（3）硫化氢对电缆头中拉力棒的腐蚀，降低其额定拉力值，使其提前断裂，导致仪器落井事故。

（4）硫化氢加速非金属材料老化，橡胶会产生鼓泡胀大，失去弹性。造成浸油石墨及石棉绳上的油被溶解而导致密封件的失效。

三、预防措施

使用气体检测仪对环境中硫化氢浓度进行实时监测。

（1）硫化氢的阈限值为 10ppm，即硫化氢浓度不大于阈限值时，几乎所有工作人员长期暴露都不会产生不利影响。

（2）硫化氢的安全临界浓度为 20ppm，即硫化氢浓度不大于安全临界浓度时，允许工作人员在露天环境中工作 8h。

（3）硫化氢浓度达到 20ppm 以上时，作业人员必须立即佩戴正压式空气呼吸器，并在压缩空气用完之前撤离到安全地带。

注：气体检测仪、正压式空气呼吸器、硫化氢事故应急处置等知识，在后续章节中会详细讲解，此处不做具体介绍。

第五节　测井公司相关要求

一、持证要求

根据《中国石油集团测井有限公司测井作业队劳动纪律》（测井安全〔2020〕52号），测井工持证要求：

应持有井控培训合格证或国际井控培训合格证（IADC）、HSE培训证、放射性工作人员证或辐射工作安全防护培训合格证（放射性测井作业）。

根据实际需求和特定的工作环境持相应有效证件，不局限以下证件：

（1）放射性物品押运人员应持有放射性物品道路运输从业人员资格证（押

运员）。

（2）射孔取心工（联炮、绞车）应持有爆破作业人员许可证（爆破员）。

（3）民爆物品押运人员应持有民爆性物品道路运输从业人员资格证（押运员）。

（4）在含硫化氢油气井井场作业的人员应持有硫化氢防护培训合格证。

（5）海上平台作业的人员必须取得"海上求生""救生艇筏操纵""平台消防""海上急救""直升机水下逃生"（根据要求）培训合格证书。

（6）未纳入特种作业或特种设备作业范围的，从事高处作业、吊装作业等人员应经过相关安全操作知识培训并考核合格。

（7）新技术、新设备、新工艺、新材料"四新"推广应用人员应经过相关安全操作知识培训并考核合格，培训合格者记录在岗位操作培训合格证里。

（8）根据当地政府、属地油田管理要求，取得相关特种作业操作证或特种设备作业人员证。

二、作业期间要求

根据《中国石油集团测井有限公司测井作业队劳动纪律》（测井安全〔2020〕52号），作业期间要求如下：

（1）不准在禁烟区内吸烟。

（2）不准脱岗、睡岗、酒后上岗。

（3）不准无关人员进入生产现场。

（4）不准拉运与生产无关的人员和货物。

（5）不准在工作时间内做生产流程之外的事情。

（6）不准在雷电、大雾、暴雨、沙尘暴等恶劣天气或六级及以上大风时作业。若正在测井作业，应将仪器起入套管内，暂停测井作业。

三、员工权利与义务

根据《中华人民共和国劳动法》《中华人民共和国安全生产法》《中华人民共和国职业病防治法》，员工权利与义务如下：

（一）员工权利

（1）劳动保护权。公司为测井工创造符合国家职业卫生标准和卫生要求的工作环境和条件，提供符合防治职业病要求的职业病防护设施和符合国家标准或者行业标准的劳动防护用品，并监督、教育测井工按照使用规则佩戴、使用。公司与测井工建立劳动关系应当订立劳动合同，载明工作过程中可能产生的职业病危害及其后果、职业病防护措施和待遇等。对从事有毒有害作业的测井工定期进行职业健康检查、办理工伤保险等有关事项。

（2）知情权。测井工有权了解工作场所和岗位存在的危险因素、危害后果、防范措施及事故应急措施。

（3）建议权。测井工有权参与本单位QHSE工作的民主管理，对本单位的安全生产、职业病防治等工作提出意见和建议。

（4）批评、检举、控告权。测井工有权对本单位安全生产工作中存在的问题和违反职业病防治法律、法规以及危及生命健康的行为等提出批评、检举和控告。

（5）接受教育培训权。公司应对测井工进行职业培训，保证测井工具备必要的安全生产、职业卫生知识，熟悉有关的QHSE规章制度和安全操作规程，掌握本岗位安全操作技能，了解事故应急处理措施，知悉自身在安全生产、职业健康、劳动保护等方面的权利和义务。未经安全生产教育和培训合格的从业人员，不得上岗作业。

（6）职业健康防治权。从事接触职业危害因素作业的测井工，享有接受职业健康检查并了解检查结果的权利。被诊断为患有职业病的测井工，有依法享受职业病待遇、接受治疗、康复和定期检查的权利。

（7）拒绝违章指挥和强令冒险作业权。单位的领导、管理人员或者工程技术人员违反有关规定，明知存在危险因素而不采取相应措施，违章指挥、强令测井工冒险作业的，测井工有权予以拒绝。

（8）紧急避险权。测井工发现直接危及人身安全的紧急情况时，有权停止作业或者在采取可能的应急措施后撤离作业场所。

（9）工伤保险和民事赔偿权。测井工因生产安全事故受到损害后，除依法享有工伤保险外，依照有关民事法律尚有获得赔偿的权利的，有权提出赔偿要求。

（10）提请劳动争议权。当测井工的劳动保护权益受到侵害，或者与单位因劳动保护问题发生纠纷时，有向有关部门提请劳动争议处理的权利。

（二）员工义务

（1）遵章守纪的义务。测井工在作业过程中，应当严格落实岗位责任，遵守法律、法规、规章和操作规程。

（2）接受培训掌握安全生产知识和提高技术技能的义务。测井工应当接受安全生产、职业卫生等教育和培训，掌握本职工作所需的QHSE知识，提升职业病防范意识，提高安全生产技能，增强事故预防和应急处理能力。

（3）服从管理，正确使用、维护职业病防护设备，正确佩戴和使用劳动防护用品的义务。

（4）不安全情况的报告义务。测井工发现事故隐患或者其他不安全因素，应当立即向现场安全生产管理人员或者本单位负责人报告；接到报告的人员应当及时予以处理。

四、安全环保履职能力考评

根据《中国石油集团测井有限公司员工安全环保履职考评实施细则》（测井人事〔2016〕21号）第二条：

安全环保履职能力考评包括安全环保履职能力考核和安全环保履职能力评估。安全环保履职能力考核，是指对员工在岗期间履行安全环保职责情况进行考核，考核结果纳入绩效考核。安全环保履职能力评估，是指对员工是否具备相应岗位做要求的安全环保能力进行评估，评估结果作为上岗考察依据。

（一）安全环保履职考核

员工安全环保履职考核的依据是岗位安全环保目标责任书，测井工应每年签订安全环保目标责任书。岗位安全环保目标责任书主要包括责任目标、属地职责等内容。测井工每月根据岗位安全环保职责自行收集岗位安全环保目标责任书要求的相关资料，提交给作业队长。由作业队长查阅测井工的事故、违章等相关记录，对照测井工岗位安全环保目标责任书，依据岗位绩效日考核情况，做出月度考核评价。年度考核结果以月度的岗位绩效日考核汇总结果为主要依据。

（二）安全环保履职能力评估

测井工岗位每两年进行一次岗位安全环保履职能力评估。对于拟转测井工岗位和重新上岗的测井工，应依据测井工岗位的安全环保能力要求进行培训，并进行入职前安全环保履职能力评估。

（三）考评结果应用

安全环保履职考评结果应用于绩效奖金、荣誉称号、岗位调整、工资晋档、培训发展等方面。安全环保履职考评采用百分制，90～100 分（含 90 分）为"优秀"，80～90 分（含 80 分）为"良好"，60～80 分（含 60 分）为"一般"，60 分以下为"较差"。

测井工考评结果为"一般"，岗位绩效考核结果评定为"基本胜任"。由作业队长与测井工共同分析原因，制订改进计划，限期整改。

测井工考评结果为"较差"，岗位绩效考核结果评定为"不胜任"。不得上岗或转岗，应进行培训或诫勉谈话；期满仍无改进的，参加转岗培训，培训期间的待遇按公司有关规定执行。

第六节　HSE 管理工具方法

一、属地管理

（一）属地管理的相关概念

1. 属地

属地即工作管辖范围，可以是工作区域，管理的实物资产和具体的工作任务（项目），也可以是权限和责任范围。属地特性是有明确的范围界限，有具体的管理对象（人、事、物等），有清晰的标准和要求。

2. 属地管理

属地管理是将工作职责按照工作区域、资产、职能部门、风险的大小进行划分，具体落实到岗位上。

（二）属地管理的意义和作用

属地管理重点是要明确生产作业现场的每一个员工都是属地主管，都要对属地内的安全负责，对自己属地区域内人员（包括自己、同事、承包商和访客）的行为安全、设备设施的完好、作业过程的安全、工作环境的整洁负责。

（1）改变了传统上QHSE管理靠"警察抓小偷"的方式，员工只是被动执行岗位职责。实现属地管理可增强员工主动参与HSE管理的积极性。

（2）QHSE管理需要全员参与，QHSE职责就必须明确，必须落实到全体员工。员工的主动参与是QHSE管理成败的关键。属地管理是落实基层员工QHSE职责的有效方法，是传统的基层岗位责任制的继承和延伸。

（3）实现属地管理，可以树立员工"安全是我的责任"的意识，实现从"要我安全"到"我要安全"的转变，使QHSE管理落到实处。

（三）测井工属地管理内容

（1）测井工是所管辖属地的直接管理者，要定期对属地进行检查，及时消除安全隐患，保证属地内QHSE管理符合相关法律法规及各项规章制度的要求。

（2）对属地内关键（重点）设备与环境落实6S管理要求。

（3）负责属地内进行的作业进行监督，对作业许可的条件确认，办理作业许可。

（4）对进入属地内的相关方及其他人员进行风险提示及安全告知、引领和监护；对隐患、未遂事件、事故及时处置和报告，参与调查和处理。

二、QHSE经验分享

（一）QHSE经验分享的概念

QHSE经验分享是指员工将本人亲身经历或看到、听到的有关安全、环境、健康方面的经验做法或事故、事件、不安全行为、不安全状态等教训总结出来，通过介绍和讲解在一定范围内使事故教训得到分享，引以为戒，典型经验得到推广。

（二）开展QHSE经验分享的意义和作用

（1）通过长期开展QHSE经验分享，能启发员工互相学习，激发员工积极参与 QHSE 管理积极性，创造一种以 QHSE 为核心的"学习的文化"和全员参与的安全文化氛围。

（2）能够强化员工正确的 QHSE 做法，使其自觉地纠正不安全习惯和行为，树立良好的 QHSE 行为准则，促进全体员工 QHSE 意识的不断提高，形成良好的安全文化氛围。

（3）通过分享交流安全工作经验，获得和强化正确的安全工作做法，提高员工安全工作技能。

（4）有领导层、管理层、操作层各层次人员参与一起互动进行的 QHSE 经验分享，以多种形式开展，既丰富了安全教育的内容，也改变了传统的安全教育的方式。

（三）QHSE 经验分享的做法

1. QHSE 经验分享的时间

QHSE 经验分享可在各类会议、培训及班组安全活动等开始之前进行，分享时间不宜超过 5min。

2. QHSE 经验分享的内容

QHSE 经验分享的内容如下：

——质量、健康、安全和环境等方面的知识。

——工作中的 QHSE 经验和生活中的安全常识。

——生产运行中的标准化作业质量检验与控制的成熟做法等。

——发现及跟踪过程控制不合格形成原因的经验做法等。

3. QHSE 经验分享的形式

QHSE 经验分享可采用直接口述或借助多媒体、影像、图片、照片等形式进行讲述。

三、目视化管理

（一）目视化的概念

目视化管理是指通过颜色、标志、标签等方式区分或鉴别工器具、工艺设备的使用状态、特性以及生产作业场所的危险状态、人员身份及资质等的现场

QHSE 管理方法。

目视化管理包括：人员目视化、工器具目视化、设备设施目视化、生产作业现场目视化等。

（二）目视化管理的意义和作用

通过简单、明确、醒目、易于辨识的管理模式或方法，强化现场安全管理，确保工作安全，目的是为规范人员、工器具、工艺设备和生产作业现场目视化管理，提高现场管理水平，有效提升工作现场的安全管理绩效，也是营造安全文化环境氛围的一种手段。

（三）测井工目视化管理要求和做法

（1）测井工进入生产作业场所，应按照规定正确穿戴劳动保护用品。外来人员（承包商员工、参观、检查、学习等人员）进入测井工所管辖属地（生产作业场所）时，穿戴应符合生产作业场所的安全要求。

（2）外来人员进入属地前测井工必须对其进行安全培训，佩戴进入许可证或胸卡方可进入生产作业现场。临时进入现场的非作业人员应得到安全提示。

（3）从事特种作业人员必须持有有效的国家法定的特种作业资格证书，经过生产单位的培训并考核合格，发给特种作业资格合格目视标签，并粘贴于安全帽上，方可从事相应的工作。

（4）定期检查属地设备、设施、工器具等的安全色、标签、标牌，以保持整洁、清晰、完整，如有变色、褪色、脱落、残缺等情况时，应及时重涂或更换。

（5）在测井生产作业现场应执行公司基层站队 QHSE 标准化建设的有关要求，主要包括：

① 设置消防通道、逃生通道、逃生设施的标识和设置应清楚、明显、合理。

② 各种工具、用具、便携式仪器等应规范摆放，实行定置管理。

③ 废旧物资的处理符合安全和环保要求。

④ 临时作业现场的恢复应及时、规范，做到"工完、料尽、场地清"，不留下任何安全隐患等。

四、工作前安全分析

（一）工作前安全分析的概念

工作前安全分析（以下简称JSA）是实现或定期对某项工作任务进行风险评价，并根据评价结果制订和实施相应的控制措施，最大限度消除或控制风险。

工作前安全分析是一个事先或定期对某项具体作业进行风险评估的工具，是通过有组织对作业中存在的风险进行识别、评估和制订防控措施实施控制，从而将作业风险最大限度地消除或控制的一种方法。它是HSE"两书一表"、风险管理单等风险控制方法的细化、具体化。

（二）工作前安全分析的作用

（1）找出风险，拟定解决对策。
（2）预防伤害和事故的发生。
（3）通过有组织的、系统化的分析，提高工作效率。
（4）拟定通用的程序。
（5）培养安全的工作习惯。

中国石油天然气集团有限公司企业标准Q/SY 08238—2018《工作前安全分析管理规范》明确了在进行危险性较大的施工活动前应进行工作前安全分析，也是申请作业许可的前提和批准作业许可的依据。

（三）工作前安全分析的范围

工作前安全分析的范围包括：新的作业、非常规性（临时）的作业、承包商作业、改变现有的工作、评估现有的工作。

（四）实施工作前安全分析的注意事项

（1）工作任务完成后，测井工应进行总结，若发现工作前安全分析过程中的缺陷和不足应及时反馈。
（2）根据作业过程中发生的各种情况，提出完善该工作任务的建议。

五、作业许可

（一）作业许可的概念

作业许可是在开展高危作业及在生产或施工作业区域内工作规程未涵盖到的非常规作业或特殊作业前，必须获得授权方可实施作业的一种管理方法。

（二）作业许可的作用

（1）保持良好的安全生产作业环境。
（2）计划并检查作业活动。
（3）保证所有风险防控措施有效落实。

（三）作业许可范围

（1）在所辖区域内或在已交付的在建装置区域内，进行下列工作均应办理作业许可证：

① 非计划性维修工作（未列入日常维护计划或无程序指导的维修工。
② 承包商作业。
③ 偏离安全标准、规则、程序要求的工作。
④ 交叉作业。
⑤ 在承包商区域进行的工作。
⑥ 缺乏安全程序的工作。

（2）对不能确定是否需要办理作业许可证的其他工作，应办理许可证。

（3）若工作中包含下列工作，还应同时办理专项作业许可证：进入受限空间、挖掘作业、高处作业、移动式吊装作业、管线打开、临时用电和动火作业。

（四）作业许可管理流程

图 1-6-1 为作业许可管理流程图。

（五）实施作业许可的注意事项

当发生下列任何一种情况时作业许可证应取消，若要继续作业应重新办理许可证。

（1）作业环境和条件发生变化。
（2）作业内容发生改变。

（3）实际作业与作业计划的要求发生重大偏离。

（4）发现有可能发生立即危及生命的违章行为。

（5）现场作业人员发现重大安全隐患。

（6）事故状态下。

（六）作业许可票证管理

作业许可证一式四联，应有编号，由许可证批准人填编号。

第一联：悬挂在作业现场。

第二联：张贴在控制室或公开处以示沟通，让现场所有相关人员了解现场正在进行的作业位置和内容。

第三联：送交相关方，以示沟通。

第四联：保留在批准人处。

作业许可证分发后，不得再做任何修改。工作完成后，许可证第一联由申请人、批准方签字关闭后交批准方存档并保存一年。

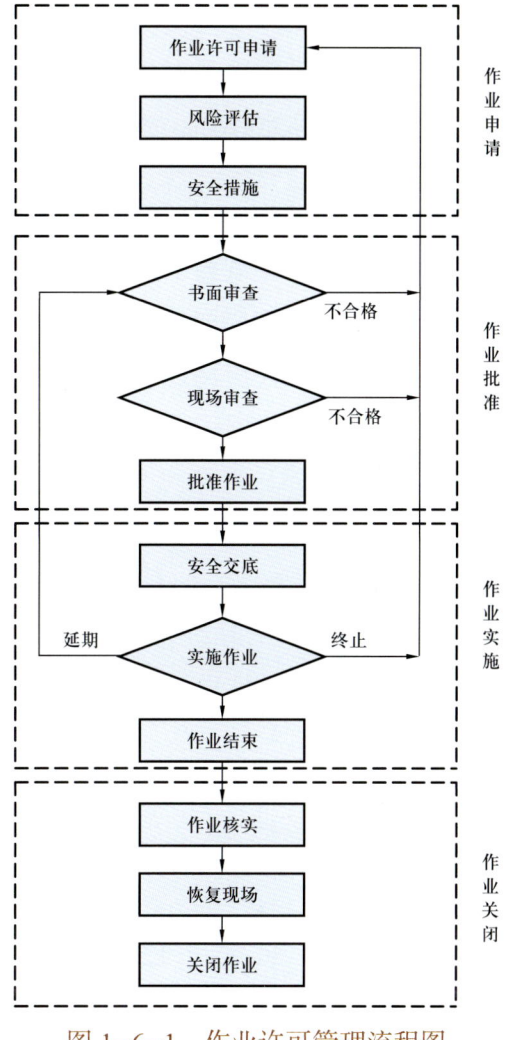

图 1-6-1 作业许可管理流程图

六、工作循环分析

（一）工作循环分析的概念

工作循环分析（以下简称 JCA）是基层单位技术干部、班组长和员工共同合作，对已经制订的操作程序和员工实际操作行为进行分析和评价的一种方法。

（二）实施工作循环分析的目的

（1）验证操作规程的可操作性。

（2）保持操作规程的先进性和全面性。

（3）促进操作人员对操作规程的理解和掌握。

（4）杜绝违章操作，规范员工操作行为。

（三）实施工作循环分析的意义

员工参与操作规程的制订，促进其对操作规程的理解和掌握，改善员工被动执行操作规程的局面，增加操作规程的可操作性，确保员工有力执行，增加操作主管与操作人员沟通，可减少违章、减少事故。

（四）工作循环分析流程

图1-6-2为工作循环分析流程图。

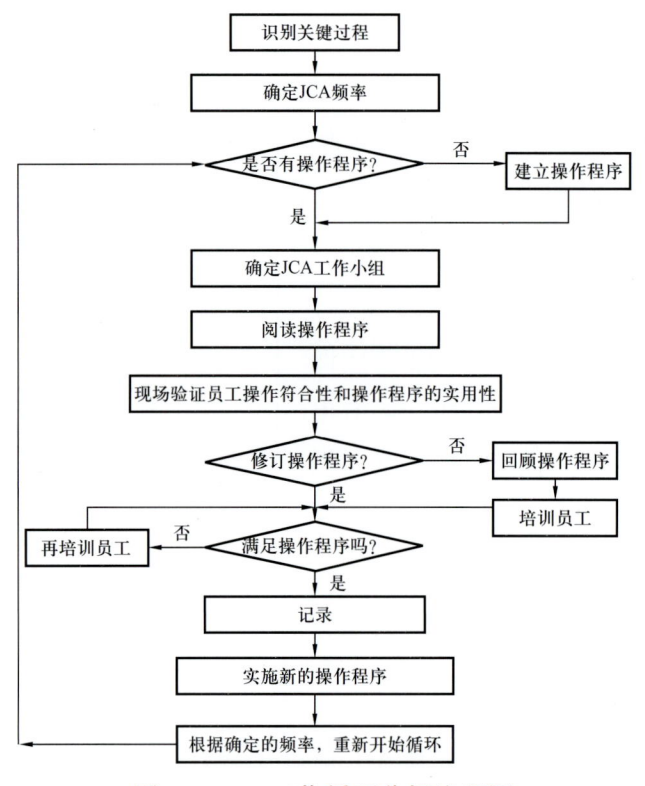

```
识别关键过程
    ↓
确定JCA频率
    ↓
是否有操作程序？ —否→ 建立操作程序
    ↓是
确定JCA工作小组
    ↓
阅读操作程序
    ↓
现场验证员工操作符合性和操作程序的实用性
    ↓
修订操作程序？ —否→ 回顾操作程序
    ↓是                    ↓
                        培训员工
再培训员工 ←否— 满足操作程序吗？
    ↓是
记录
    ↓
实施新的操作程序
    ↓
根据确定的频率，重新开始循环
```

图1-6-2　工作循环分析流程图

（五）实施工作循环的注意事项

（1）与关键作业有关的操作规程每年至少分析一次。

（2）测井工每年至少参与一次工作循环分析。

（3）实施工作循环检查之前，对现场操作安全要求和区域的风险控制措施进行验证，准备防护设施。

七、上锁挂牌

（一）上锁挂牌的相关概念

1. 上锁挂牌

通过安装上锁装置及悬挂标签识别来防止由于危险能源意外释放而造成的人员伤害或财产损失。

2. 危险能量

不加控制，可能造成人员伤害或财产损失的电、机械、化学、热或任何其他形式的能量。

3. 上锁设施

保证能够上锁的辅助设施，如锁扣、阀门锁套、链条等。

（二）上锁挂牌的功能

（1）防止由于未受控制的危险能量引起身体伤害。
（2）防止设备意外开启。
（3）确保设备处于关闭状态。

（三）上锁挂牌步骤

1. 辨识

作业前，为避免危险能量和物料意外释放可能导致的危害，应辨识作业区域内设备、系统或环境内所有的危险能量和物料的来源及类型，并确认有效隔离点。

2. 隔离

根据辨识出的危险能量和物料及可能产生的危害，编制隔离方案，明确隔离方式、隔离点及上锁点清单。根据危险能量和物料性质及隔离方式选择相匹配的断开、隔离装置。

3. 上锁

根据上锁点清单，对已完成隔离的隔离设施选择合适的安全锁，填写警示标牌，对上锁点上锁挂牌。

4. 确认

上锁挂牌后要确认危险能量和物料已被隔离或去除。

5. 解锁

由上锁者本人进行正常解锁。当上锁者本人不在场或没有解锁钥匙时，且其警示标牌或安全锁需要移去时，进行非正常拆锁。拆锁前应满足以下两个条件之一：（1）与锁的所有人联系并取得其允许。（2）经操作单位和作业单位双方主管确认相关内容后方可拆锁。

（四）安全锁、标牌的管理

（1）安全锁应明确以下信息：

① 个人锁和钥匙归个人保管并标明使用人姓名，个人锁不得相互借用。

② 集体锁应在锁箱的上锁清单上标明上锁的系统或设备名称、编号、日期、原因等信息，锁和钥匙应有唯一对应的编号；集体锁应集中保管，存放于便于取用的场所。

（2）危险警示标牌的设计应与其他标牌有明显区别。警示标牌应包括标准化用语（如"危险，禁止操作"或"危险，未经授权不准去除"）。危险警示标牌应标明员工姓名、联系方式、上锁日期、隔离点及理由。危险警示标牌不能涂改，一次性使用，并满足上锁使用环境和期限的要求。

（3）使用后的标牌应集中销毁，避免误用。危险警示标牌除了用于指明控制危险能量和物料的上锁挂牌隔离点外，不得用于任何其他目的。

（4）如果保存有备用钥匙，应制订备用钥匙控制程序，原则上备用钥匙只能在非正常拆锁时使用，其他任何时候，除备用钥匙保管人外，任何人都不能接触到备用钥匙。严禁私自配制备用钥匙。

（5）上锁设施的选择，除应适应上锁要求外，还应满足作业现场安全要求。

八、工具箱会议

（一）工具箱会议的概念

由作业负责人主持召开的聚焦于一个专门的主题开展的关于安全方面的谈话或会议。

（二）工具箱会议的功能

（1）促进管理层和岗位员工之间的沟通。

（2）促进从上下级之间的信息交流。

（3）所有员工参与安全实施过程。

（4）充分讨论并获得与项目相关的信息。

工具箱会议适用于每天工作开始前、每班工作开始前或开展新工作之前的班前会议。

（三）测井工在工具箱会议中应履行的职责

（1）积极提出自己的问题。

（2）积极参与讨论，提出自己的建议。

九、变更管理

变更管理包括工艺设备变更、关键岗位人员变更、社会安全因素变更等。

（一）工艺设备变更概念

涉及工艺技术、设备设施、工艺参数等超出现有设计范围的改变（如压力等级改变、压力报警值改变等）。

（二）工艺设备变更范围

工艺和设备变更的范围包括工艺设计依据的改变、工艺和工艺参数的改变、软件系统的改变、设备、设施、装置、工具、仪器仪表的改变、设计和安装过程的改变等。

（三）工艺设备变更类型

变更的基本类型包括工艺设备变更、微小变更、同类替换。微小变更和工艺设备变更管理执行变更管理流程，同类替换不执行变更管理流程。

（四）工艺设备变更申请、审批

变更申请人初步判断变更类型、影响因素、范围等情况，按类型做好实施变更前的各项准备工作，提出变更申请，并由主管部门审批。变更应充分考虑健康安全环境影响，并确认是否需要工艺危害分析。对需要做工艺危害分析的，分析结果应经过审核批准。

（五）工艺设备变更实施

变更应严格按照变更审批确定的内容和范围实施，变更申请人组织对变更过程实施跟踪；变更实施若涉及作业许可，应办理作业许可证；变更涉及的所有工艺安全相关资料及操作规程均得到适当的审查、修改或更新，按照工艺安全信息管理相关要求执行；完成变更的工艺、设备在运行前，变更单位应组织对变更涉及人员进行培训或沟通，内容包括变更的内容、程序，变更可能导致的风险和影响，需更新的操作规程等；变更工作应建立变更工作文件和记录。

（六）工艺设备变更结束

变更实施完成后，应对变更是否符合规定内容，以及是否达到预期目的进行验证，提交工艺设备变更结项报告，并完成以下工作：所有与变更相关的工艺技术信息都已更新；规定了期限的变更，期满后应恢复变更前状况；试验结果已记录在案；确认变更结果；变更实施过程的相关文件归档。

第二章 测井工标准化现场知识

第一节 个人防护

一、头部防护

在施工作业环境中,人的头部有受到伤害的危险,应佩戴安全帽(图2-1-1)。安全帽由帽壳、帽衬、下颌带组成,其中帽衬一般由帽箍、吸汗带、顶带、缓冲垫组成。

图 2-1-1 安全帽

（一）安全帽的作用

（1）防止物体打击伤害。
（2）防止高处坠落时头部受伤。
（3）防止头部遭遇电击。
（4）防止化学和高温液体从头顶浇下时头部受伤。
（5）防止头发被卷进机械或暴露在粉尘中。

（二）安全帽的使用

（1）佩戴安全帽前,应检查确认安全帽各配件无破损、装配牢固、帽衬调节部分卡紧、插口牢靠、下颌带系紧等,帽衬与帽壳之间的距离应在25～50mm。确认各部件完好后方可使用。
（2）根据使用者头的大小,将帽箍长度调节到适宜位置(松紧适度)。
（3）佩戴安全帽时,必须系紧下颌带。
（4）安全帽在使用时受到较大冲击后,无论是否发现帽壳有明显的断裂纹或变形,都应停止使用,更换安全帽。安全帽使用期限一般为2.5年。
（5）安全帽不应储存在有酸碱、高温(50℃以上)、阳光、潮湿等处,并避免重物挤压或尖物碰刺。不可放在取暖设备上烘烤，以防帽壳变形。

（6）帽壳与帽衬可用冷水、温水（低于50℃）洗涤。不可使用有机溶剂清洗。安全帽不可钻孔、抛掷、敲打等，否则会降低抗冲击性。

二、背部保护

（一）搬运物体的经验法则

（1）搬运重物的高度应在腰部以下。
（2）搬运中等重量的物体高度应在肩与腰之间。
（3）搬运轻物体的高度应在肩部以上。
（4）当搬运的物体重量超过27kg（约60lb）时，要求由两个人共同完成。
（5）应提前设计作业任务，尽量减少搬运距离和次数。
（6）在条件允许时，把大的物体分成小部分来搬运，或使用机械举升设备。

（二）抬起/搬运物体的一般规则

1. 抬起/搬运作业的评估

（1）先抬起物体的一角，估计物体的重量。
（2）如果物体太重，一个人抬不动，则要求两人或多个人共同抬起，或者使用机械设备。

2. 抬起物体的步骤

（1）正面面对要抬起的物体，站稳。
（2）弯曲膝盖，下蹲，保持背部挺直。
（3）在抬起物体之前，抓紧物体。
（4）缓慢直立起来，严禁突然抬起或突然转动身体。

图 2-1-2 所示为搬抬作业的姿势。

3. 搬运物体

（1）使物体贴近身体，一直牢固地抓紧物体。

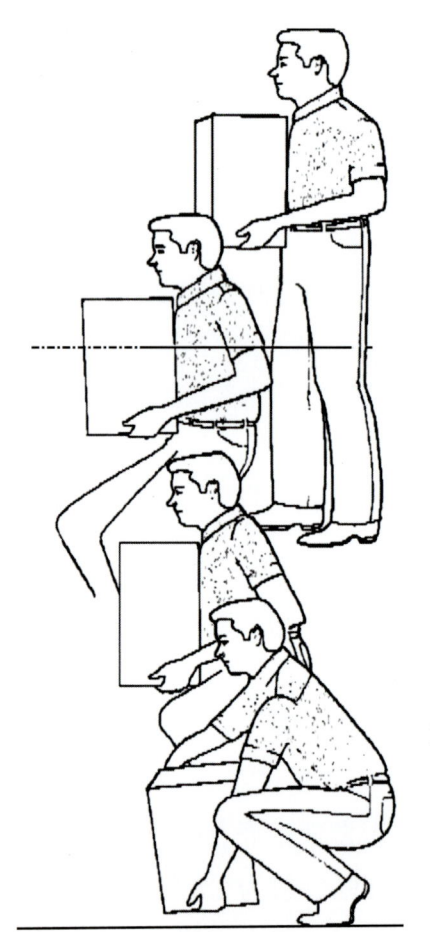

图 2-1-2 搬抬作业的姿势

（2）在搬运过程中严禁突然转动身体。

4. 放下物体

（1）慢慢弯曲膝盖，蹲下，尽量保持背部挺直。

（2）在物体放稳之前，不要松手。

（三）员工抬起/搬运测井仪器的方法

两人或多人抬、扛仪器时，要明确人体受力位置、路线和放置仪器的目的地。人员站在仪器同一侧（同为左肩或右肩），前后两人抓住仪器护帽，同时发力，抬起仪器，中间人员上托仪器。人员腰部挺直，站稳后再迈步行至目的地，一人指挥，同时发力，同时放置仪器（图 2-1-3）。

图 2-1-3　搬抬仪器

三、足部防护

安全鞋（工鞋）是以鞋的形式防止外界环境对足部造成伤害的防护用品（图 2-1-4）。

（一）安全鞋的作用

（1）防止物体砸伤或刺割。

（2）防止高低温伤害。

（3）化学性伤害。

图 2-1-4　安全鞋

（4）防止触电伤害。

（二）安全鞋的使用

（1）应选择合适尺码的安全鞋。

（2）不应擅自修改安全鞋的构造。

（3）应定期清理安全鞋，保持清洁干爽。

（4）应在阴凉、干爽、通风良好的地方贮存安全鞋。

第二节　井下仪器的保养

测井仪器包括地面仪器和井下仪器。地面仪器固定在操作室内，完成为井下仪器供电和发送控制命令、接收井下仪器信号、存储与处理测井数据等任务。井下仪器是进入井筒执行测井信息采集任务的仪器或短节。井下仪器的准备工作是测井工在生产准备过程中的一项重要工作，测井工需要完成对井下仪器的清洗、保养、检查、连接等一系列工作。本节详细讲述井下仪器的清洗、保养与检查。

一、井下仪器的清洗

（1）施工作业结束返回基地后，应使用高压水枪对井下仪器进行清洗。

（2）声波仪器探头部位、井下仪器的平衡活塞部位、放射性仪器源室、钻井液电阻率电极环等应重点清洗。

（3）井下仪器推靠部位应由操作工程师供电，打开推靠臂后再清洗，清洗结束由操作工程师关闭推靠臂。

安全提示：由于仪器推靠臂和极板处会黏附较多钻井液，如果不打开推靠臂清洗，则无法清洗干净，钻井液固结后会使推靠臂无法推开极板，甚至会损坏极板或驱动电机。

（4）应小心去除夹杂在仪器缝隙中的滤饼、岩石碎屑等杂质，但应避免划伤仪器皮囊等易损部件。

（5）井下仪器清洗之后擦干仪器外壳，仪器外观应清洁、光亮。

二、井下仪器的保养与检查

（一）总体要求

（1）用棉纱将螺纹和仪器护帽上的残留钻井液擦净，检查螺纹应无损伤，并上润滑脂。

（2）检查仪器密封圈，如果密封圈出现磨平、破损等不良状况，应更换密封圈。

（3）检查井下仪器的下端插针应无断裂、弯曲或回缩，仪器上端插座应无变形，C形卡簧应无变形及损坏，若发现问题应及时更换。

（二）电阻率测井仪器

（1）检查电极环的锈蚀及磨损情况。

（2）检查微球、微侧向的橡胶极板，保证有足够弹力，橡胶极板和电极无变形。

（3）检查感应仪器线圈系应不漏油。

（4）检查微球仪器的推靠臂，应有弹性并活动自如，固定销牢靠。

（三）声波系列仪器

（1）补偿声波仪器声系、交叉偶极子声波仪器探头应不漏油。

安全提示：如果漏油或缺油可能使仪器在井下无法平衡钻井液压力而损坏，若发现应及时告知作业队长。

（2）交叉偶极子声波仪器探头皮囊应完好，如果被腐蚀或老化应及时告知作业队长。

（3）检查补偿声波仪器声系、交叉偶极子声波仪器探头、声成像仪器探头固定外壳的螺丝应齐全且紧固。图2-2-1所示为检查紧固井下仪器螺丝。

（四）放射性仪器

（1）中子仪器源室与仪器连接销应连接牢固。密度仪器推靠机械部分的各连接销应连接完好。

安全提示：如果连接销损坏，可能会造成放射源落井等严重工程事故。

图 2-2-1　检查紧固井下仪器螺丝

（2）清洁源仓内腔，检查固定螺丝是否有滑扣或裂纹现象，在源仓内腔涂抹机油或螺纹脂。

（3）检查长、短源距窗口、耐磨螺丝、推靠臂耐磨块的磨损情况，若磨损严重应及时告知作业队长。

（4）自然伽马、伽马能谱、中子、密度等仪器内部带有闪烁晶体、光电倍增管等精密部件，抗震性能差而且更换成本较大。在搬抬这些仪器时尤其要轻拿轻放，防止因震动过大，造成仪器损坏或仪器测量精度下降从而影响测井质量。

（五）核磁共振测井仪器

（1）检查核磁探头平衡活塞油面位置应合适，平衡油不应有渗漏现象。

（2）检查核磁探头玻璃钢筒，不应变形或破损。

（3）保养核磁探头时的安全注意事项：

① 核磁探头具有强磁性，若携带心脏起搏器、机械手表、银行卡等，应远离核磁探头，以免被磁化而损坏。

② 保养核磁探头时，应注意其强磁性，防止勾头扳手、螺丝刀等铁质工具突然被其吸附而造成手部被夹伤（图 2-2-2）。如果条件允许应首选防磁工具。

③ 核磁仪器探头不应与其他仪器或工具混放，应设置隔离带，尤其应远离遥测短节、自然伽马、各仪器的线路部分，距离在 1.5m 以上（图 2-2-3）。仪器内部电器元件如果被磁化，会造成仪器故障或测井曲线异常。

图 2-2-2　核磁探头强磁　　　　图 2-2-3　核磁仪器隔离区

（六）电成像测井仪器

（1）检查电成像极板的磨损情况。

（2）检查电成像推靠臂液压部位应不漏油。

安全提示：液压部位漏油会导致仪器无法打开推靠臂。若发现漏油应及时告知作业队长。

（3）检查电成像玻璃钢筒，允许适度磨损，但不应变形或破损。

（七）辅助测量短节

（1）磁定位短节带有磁性，不应与其他仪器或工具混放。

（2）旋转短节应转动自如。若转动阻滞或无法转动，应由仪修工程师对旋转短节保养或维修。

说明：交叉偶极子声波、电成像、地层倾角、三维感应等特殊测井项目，要求仪器运行 15m 内转动不得超过一周。旋转短节可以很大程度抵消电缆的扭力，使旋转短节以下的仪器不旋转或减小旋转速度，从而提高测井质量。

（3）对三参数测量短节电极环除锈。

（4）检查井下张力短节油量应充足、平衡油应无渗漏现象。

第三节　井下仪器的连接检查

生产准备阶段，各井下仪器的连接检查往往与仪器的车间刻度先后进行。井下仪器刻度是用来确定仪器测量值与测井工程值之间的关系，还可根据测量误差值检查仪器工作状态。所以，定期对井下仪器刻度是保证测井曲线质量、作业一次成功率的重要基础。测井工应协助操作工程师完成井下仪器的连接检查及车间刻度工作。

井下仪器的刻度包括车间刻度（主刻度）和现场刻度（测前校验、测后校验）。车间刻度一般是生产准备阶段在测井基地完成。现场刻度是在作业现场，仪器下井测量前和仪器测井完成后对仪器的检查校验。

一、仪器连接及安全提示

（1）所使用的仪器支架外观完好，焊接牢固，无扭曲变形、开焊、断裂等不良现象。连接一串仪器所使用的仪器支架应高度相同。

（2）搬抬、摆放仪器前，对搬抬所经路径和摆放场所的杂物及湿滑地面进行清理。防止在搬抬仪器过程中人员绊倒，或在放下仪器时人员磕碰受伤。

（3）搬抬井下仪器时，搬抬仪器的人员（至少两人）应正面面对仪器。弯曲膝盖下蹲，保持背部及腰部挺直。握紧仪器护帽或堵头的连接环，两人同时发力，利用腿部力量站起，从而将仪器抬起，置于仪器架上。

（4）连接井下仪器前，检查仪器的下端插针应无断裂、弯曲或回缩，仪器上端插座应完好，检查仪器密封圈、C形卡簧应完好。确认一切正常后再连接井下仪器（图2-3-1）。

（5）连接井下仪器时，使下部仪器键槽对准上部仪器定位键，使用勾头扳手旋转接头螺纹使上下仪器连接。仪器接头螺纹应拧到位，防止因仪器插针虚接导致仪器供电异常或通信不良。如果拧扣困难，严禁硬拧硬砸，应拆开接头检查仪器定位键与键槽是否对准、插针和插座是否完好，确认无误后重新连接。

图2-3-1　连接仪器

（6）拆卸或连接井下仪器之前，应先与操作工程师确认未对井下仪器供电。

安全提示：由于井下仪器供电电压通常远高于人体安全电压36V，如果带电进行仪器连接或拆卸，可能导致人员触电。

二、井下仪器的车间刻度

（一）电法测井仪车间刻度

（1）阵列感应测井仪：车间刻度时，仪器应放在3m（约10ft）高的木架上，刻度场地平坦、干燥、仪器周围9m（30ft）内无任何铁磁物质。仪器应在−4℃以上的温度条件下刻度。

（2）双侧向测井仪、微球形聚集测井仪（简称微球测井仪）的车间刻度一般是在井眼中，仪器出套管30m以上进行，用仪器内部电阻网络进行刻度。

（3）做双侧向测井仪、微球测井仪的线性检查时，应按操作工程师的要求，在仪器指定位置安装线性检查器，并按要求切换挡位。

（4）微球井径：车间刻度采用两种外径的井径规进行两点刻度。

（5）安全提示：

① 为防止手被夹伤，给仪器加上井径规，打开仪器推靠臂的过程中，不应将手放入井径规内（图2-3-2）。

② 为保证井径刻度质量，打开仪器推靠臂时，应用手扶住井径规外侧，使井径规居中，且与仪器同轴。

③ 在更换井径规时，必须由操作工程师供电操作推靠臂开或关，不能用手压仪器推靠臂进行收拢。否则可能使人员受伤。

图2-3-2　打开、收拢仪器推靠臂时防止夹伤

（二）声波仪器车间刻度

交叉偶极子声波（X-MAC）：将接收探头、声波线路、井斜方位在地面连接，不应使用软连接。

旋转井斜方位4401使刻度线向上，保证水平，告知操作工程师进行读值。

旋转接收探头1678MA使刻度线向上，保证水平，告知操作工程师进行读值。

(三)放射性仪器车间刻度

放射性测井仪器是探测地层天然放射性特征或用放射源照射地层,达到分析地层的岩性特征、测量地层密度和孔隙度等地质信息的目的。一般包括自然伽马、自然伽马能谱、补偿中子、岩性密度测井仪等。

1. 自然伽马测井仪

采用记录本底和刻度器标称值方法做两点刻度;测井用源至少在 20m 以外,中子、密度校验块也要远离仪器。本底采集时不放置刻度器。采集刻度器标称值时,将自然伽马刻度器安装在仪器指定位置,告知操作工程师进行读值。

2. 自然伽马能谱测井仪

仪器应放置在 1.5m 高的架子上进行。测井用源至少在 20m 以外,中子、密度校验块也要远离仪器。刻度方法与自然伽马测井仪相同。

3. 补偿中子测井仪

(1)仪器刻度时,其他放射性物质应隔离或距离刻度区 25m 以上。

(2)接到装源指令后,严格按照装卸源要求进行放射源的安装和拆卸,具体要求和步骤将在下一章,现场施工环节详细讲解。

(3)主核实应在仪器刻度合格后进行,要求仪器离地面高 30cm 以上,周围 10m 以内无放射性物质,用三级刻度器"冰块"进行核实。

4. Z-密度测井仪

(1)仪器刻度时放射性物质应隔离或距离刻度区 25m 以上。

(2)进行稳谱刻度,将镅241稳谱源放置在仪器探头底部,通知操作工程师采集数据。

(3)将稳谱源移走,通知操作工程师采集本底数据。

(4)吊起密度仪器,使其处于竖直状态,探头置于镁块,将密度源装入仪器。使探头极板正对镁块较厚的一侧,位置为极板固定螺丝刚好在镁块外边,调节手压泵压力,使仪器探头与镁块压紧。通知操作工程师采集数据。

(5)保持探头置于镁块中,卸压后加上不锈钢片,再重新加压,通知操作工程师采集数据。

（6）卸压后探头置于铝块，使探头极板朝向铝块较厚的一侧，使用加压设备使仪器探头与铝块紧密接触。通知操作工程师采集数据。

（7）保持探头置于铝块中，卸压后加上镁片，再重新加压，通知操作工程师采集数据；车间刻度完成后卸掉放射源。

（8）在车间刻度完后进行主校验，将铯-137标准现场刻度块固定在仪器极板上，通知操作工程师采集数据。

5. Z-密度井径刻度要求

仪器井径车间刻度采用两种外径的井径规进行两点刻度，使用其中一个环做核实。

（四）微电阻率成像测井仪（XRMI）车间刻度

1. 井径刻度

分别使用178mm（7in）、381mm（15in）同心井径规进行井径刻度。

2. 极板电阻率刻度

线路和探头应硬连接。将5kΩ电阻安装至极板刻度盒，刻度盒引出的两条线，一条固定在仪器探头上部，另一条连接电缆外皮。并将刻度盒依次固定至1号至6号极板上。并保证刻度盒上的25个弹针与仪器极板上的25个钮扣电极接触良好。

（五）核磁共振测井仪（MRIL-P）车间刻度

（1）将探头放入刻度水箱中，设置模拟负载为300，连接于线路探头之间。

（2）仪器放入刻度水箱中的位置是仪器的中点向上端1070 mm处与刻度水箱前端平齐，且仪器的定位键方向朝正上方。将刻度水箱的屏蔽线缠绕于核磁探头外壳。

（3）仪器周围1500mm远无铁磁物质。

（4）安全提示：

① 刻度水箱中的硫酸铜溶液对人的皮肤、眼睛等具有腐蚀性。如果水箱泄漏，皮肤不应直接与液体接触。

② 核磁线路仪器外壳材质中含有金属铍，铍离子受热挥发，人体吸入后对呼吸道产生不良影响。在进行仪器刻度时，操作人员要远离电子线路，以防影响人体健康。

第四节 测井辅助设备

测井辅助设备是指辅助井下仪器安全进入井筒完成测井任务的一系列设备和工具，用来承受重量或提供支撑。测井辅助设备是保证测井施工安全和质量的基础。本节详细介绍各种测井辅助设备的检查、维护保养及使用。

一、天、地滑轮

（一）天、地滑轮的结构

天、地滑轮由滑轮轮体、滑轮轴承、夹板、防跳装置、承吊轴承组成。天、地滑轮在测井施工中的用途是改变电缆运行方向。图 2-4-1 为地滑轮实物图。

图 2-4-1 地滑轮实物图

（二）天、地滑轮的保养和检查

（1）施工作业结束返回基地后，应对天、地滑轮进行清洁。

（2）每 5 口井应从注油嘴和承吊轴承注润滑脂，使滑轮轴承和承吊轴承转动灵活。

（3）滑轮夹板应完好，夹板两侧压紧螺帽应齐全，无松动。

（4）承吊轴承应无机械损伤及松旷现象，紧固螺丝应无松动，转动部位灵活自如。

（5）滑轮连接锁销应完好，并有防窜措施。

（6）天、地滑轮应每年进行一次探伤检测。

（三）安全提示

如果天、地滑轮有问题，可能会造成高空落物、人员伤亡等事故，或使电缆跳槽，切断电缆，导致仪器落井等工程事故。

二、T形棒

（1）施工作业结束返回基地后，应对T形棒进行清洁。图2-4-2为T形棒实物图。

（2）T形棒应整体外观完好，无变形、开裂等不良现象。

（3）T形棒应每年进行一次探伤检测。

图2-4-2　T形棒实物图

三、张力计

（一）张力计的保养和检查

（1）施工作业结束返回基地后，应对张力计进行清洁。图2-4-3为张力计实物图。

（2）张力计密封状况应良好。

（3）张力计引线应完好无破损。

（4）张力计螺纹应无脱扣、滑扣现象。

（5）张力计上下两端的接头及销子应无变形、无裂痕，连接可靠、转动灵活。

（6）定期利用张力校验装置进行张力计的校验。另外，更换张力线或维修张力计之后应对张力计重新校验后方可使用。

图2-4-3　张力计实物图

（7）张力计应每年进行一次探伤检测。

（二）张力计的校验

（1）将张力计牢靠地连接在张力校验装置上，连接张力线，通知操作工程师将地面绞车系统开机。

（2）校准之前应疏散无关人员，操作校验装置人员应站在安全区域内。

（3）启动张力校准装置使其显示值等于0kN。对张力计分别施加0kN、10kN、20kN、30kN、…、最大校准张力值的拉力，并由操作工程师逐一校验。图2-4-4为张力计校验图。

图 2-4-4　张力计校验

（三）安全提示

张力计用来测量电缆张力。准确测量电缆张力是安全施工的基础，尤其当仪器遇卡，需拉至最大安全张力时，电缆张力测量的准确性尤其重要，否则，可能导致电缆张力过大而拉断弱点或电缆张力不足而无法解卡。

四、地滑轮链条

（一）地滑轮链条的保养和检查

（1）施工作业结束返回基地后，应对地滑轮链条进行清洁。图 2-4-5 为地滑轮链条实物图。

（2）地滑轮链条主体应无锈蚀，链环无变形和裂痕，链环焊口完好无裂痕。

（3）地滑轮链条安全拉力应大于 120kN。链条上应有标识出厂日期、额定承受拉力、探伤检测时间的标签。

图 2-4-6 为地滑轮链条标签。

图 2-4-5　地滑轮链条实物图　　　图 2-4-6　地滑轮链条标签

（4）地滑轮链条的长度应满足测井需要。

（5）应每年进行一次探伤检测。

（二）安全提示

由于在测井施工过程中，地滑轮链条要承受很大的拉力，尤其当仪器遇卡增加电缆张力时，所以务必要保证其完好。否则，如果链条断裂，会导致地滑轮被电缆弹出，造成严重事故。

五、仪器卡盘

（一）仪器卡盘的检查

（1）卡盘螺丝应齐全，整体外观完好，无破损、变形、开裂等不良现象。图 2-4-7 为仪器卡盘实物图。

（2）仪器卡盘应开合自如，能牢固卡住井下仪，安全可靠。

（3）卡盘螺杆应涂抹润滑脂，保证螺母转动灵活。

（4）仪器卡盘应每年进行一次探伤检测。

（二）安全提示

在井口连接或拆除测井仪器时，仪器卡盘承担仪器的全部重量，如果仪器卡盘有问题，可能导致仪器落井等事故。

图 2-4-7　仪器卡盘实物图

六、井口座筒

图 2-4-8　井口座筒实物图

（一）井口座筒的检查

（1）井口座筒应外观完好，无破损、变形、开裂等机械损伤。图 2-4-8 为井口座筒实物图。

（2）侧板应开合自如，锁紧装置完好。

（3）座筒固定卡盘螺丝应完好。

（4）井口座筒应每年进行一次探伤检测。

（二）安全提示

如果座筒存在问题，可能会造成人员受伤、仪器落井等事故。

七、刮泥器

（一）刮泥器的保养和检查

（1）施工作业结束返回基地后，应对刮泥器进行清洁。图 2-4-9 为刮泥器实物图。

（2）刮泥器气管线及卡子应完好无破损。

（3）刮泥器出气口、进气口应畅通无堵塞。

（4）检查刮泥器的电缆夹块磨损情况，若磨损严重应进行更换。更换电缆夹块时应将出气口方向向下。

（二）安全提示

刮泥器是在测井过程中利用钻井队的压缩空气，吹净电缆上的钻井液。冬季气温低于0℃时测井施工，应在井口处用蒸汽对刮泥器下方的电缆加热，防止钻井液在滑轮沟槽处结冰出现电缆跳槽，或在马丁代克测量轮处结冰导致深度测量误差增加，影响测井曲线质量。

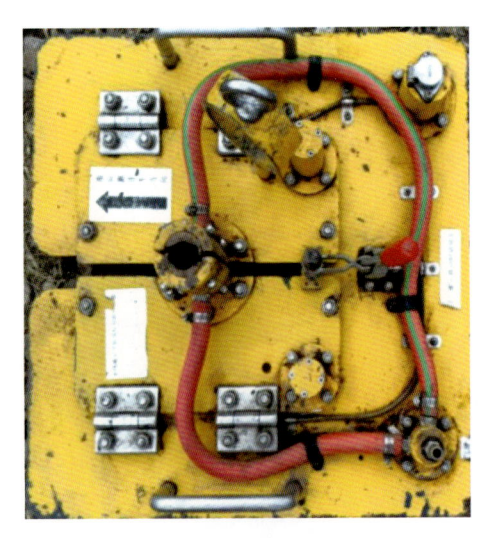

图 2-4-9　刮泥器实物图

八、装源工具

图 2-4-10 为装源工具实物图。

图 2-4-10　装源工具实物图

（一）EILog 系列（5700 系列）密度源快速装卸工具

EILog 系列（5700 系列）密度源快速装卸工具如图 2-4-11 和图 2-4-12 所示。

1. 工具的检查

（1）检查固定螺丝无松动。

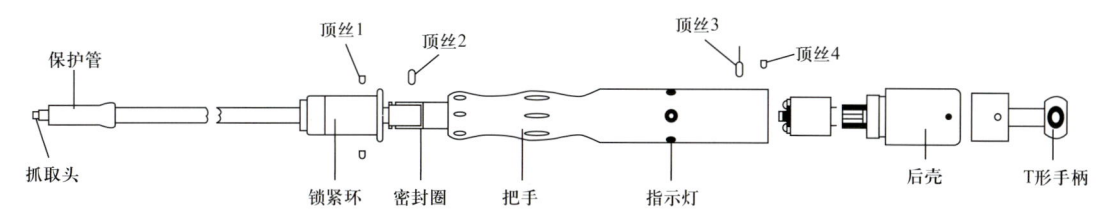

图 2-4-11　EILog 系列（5700 系列）密度源快速装卸工具的结构示意图

图 2-4-12　EILog 系列（5700 系列）密度源快速装卸工具结构组成

（2）检查 T 形手柄转动应灵活。

（3）按压锁紧环，指示灯应亮起。

2. 常规保养方法

（1）清洗抓取头，清除抓取头和保护管之间的杂物。

（2）推动锁紧环并固定，使抓取头进入保护管内。

（3）清洁主体，去除污物，紧固主体固定螺丝。

（4）放置到专用的存储箱中，保持环境清洁干燥。

3. 月度保养方法

（1）检查电池电量，指示灯发暗需更换电池（操作方法：拧出顶丝 1 和顶丝 2，将锁紧环拆下，拧出顶丝 3 和顶丝 4，将把手旋转拆下，检查电路及更换电池）。

（2）检查密封圈磨损情况并补充润滑脂（操作方法：拧出顶丝 1 和顶丝 2，将锁紧环向前推动，露出密封圈检查磨损情况，添加润滑脂）。

（3）检查抓取头磨损情况，磨损严重需更换（操作方法：拧下保护管头部，露出抓取头，取下销钉进行更换）。

（二）EILog 系列（5700 系列）中子源快速装卸工具

EILog 系列（5700 系列）中子源快速装卸工具如图 2-4-13 所示。

图 2-4-13　EILog 系列（5700 系列）中子源快速装卸工具结构组成

1. 工具的检查

（1）检查工具螺丝无松动。

（2）检查手柄转动应灵活。

（3）打开折叠手柄至垂直状态。

2. 常规保养方法

（1）清洗抓取头，去除抓取头的杂物。

（2）清洁主体，去除污物，紧固主体固定螺丝。

（3）放置到专用的存储箱中，保持环境清洁干燥。

3. 月度保养方法

（1）检查电池电量，指示灯发暗需更换电池（操作方法：拧下把手压帽，取下摇把，用摇把拧下后端电池盖，取出指示组件，更换电池）。

（2）摇把轴承润滑（操作方法：拧下把手压帽，取下摇把，用摇把拧下摇把压盖，检查及维护摇把轴承，添加润滑脂）。

（3）外套轴承润滑（操作方法：拧出顶丝2，拧下前端把手，检查及维护外套轴承，添加润滑脂）。

（三）EILog 系列（5700 系列）中子源源室螺丝装卸工具

EILog 系列（5700 系列）中子源源室螺丝装卸工具如图 2-4-14 所示。

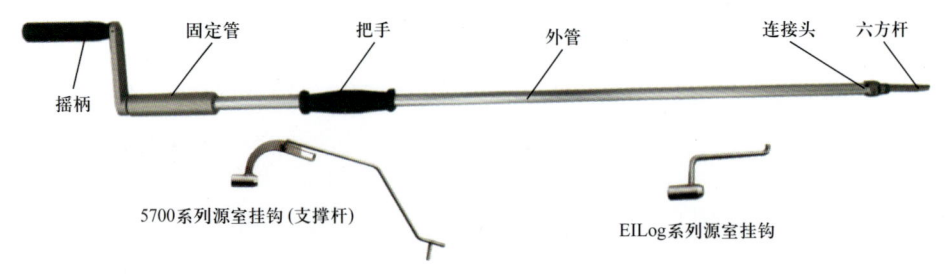

图 2-4-14　EILog 系列（5700 系列）中子源源室螺丝装卸工具结构组成

1. 工具的检查

(1) 检查工具外观结构无变形。

(2) 检查摇柄转动应灵活。

(3) 打开折叠手柄至垂直状态。

2. 常规保养方法

(1) 清洁工具主体，去除污物，紧固固定螺丝。

(2) 检查支撑杆的角度。

(3) 检查源室支撑件固定状态。

(4) 放置到专用的存储箱中，保持存储环境清洁干燥。

3. 月度保养方法

(1) 检查支撑件连接螺纹磨损程度。

(2) 传动杆、轴承进行润滑。

4. 年度保养方法

(1) 检查内轴磨损程度。

(2) 检查源室挂件磨损程度。

(四) 安全提示

(1) 如果装源工具存在安全隐患，可能导致放射源落井等事故，或增加装、卸源操作时间，从而导致装源人员被迫增加受照时间，危害人员健康。

(2) 如果装源工具存在安全隐患，可能无法将放射源在仪器源室中拧到位，从而影响仪器刻度精确度，或测井曲线质量。

九、防落源设备

(一) 设备的检查

(1) 防落源卡盘外观完好，无变形、破损等不良现象。图 2-4-15 为防落源卡盘实物图。

图 2-4-15　防落源卡盘实物图

（2）防落源布外观完好，无破漏等不良现象且能够覆盖到井口为圆心半径1.5m以上区域。

（二）安全提示

如果防护设施损坏，在井口装卸放射源时，一旦操作失误可能会造成放射源落井事故。

十、测井电缆

（一）测井电缆简介

测井电缆又名承荷探测电缆（图2-4-16），它主要有三种功能：

（1）输送各种下井仪器、工具，并承受其拉力。

（2）向井下仪器供电及传送各种控制信号。

（3）将井下仪器输出的信号传送到地面测井系统。

电缆由内到外结构组成分别为：软铜绞线、氟塑性绝缘层、分相屏蔽层、内层铠装钢丝、外层铠装钢丝。图2-4-17为电缆结构示意图。

图2-4-16　电缆实物图　　　　图2-4-17　电缆结构示意图

（二）技术指标

常用的测井电缆是7芯电缆。技术指标如下：

- 规格：$7 \times 0.56 mm^2$（导体的截面积）。
- 单根钢丝的拉断力：内层≥1.468kN；外层≥2.330kN。
- 钢丝结构：内层24根/ϕ1.00mm；外层24根/ϕ1.26mm。
- 铠装节距：内层70mm，外层85mm。

- 电缆外径：11.8mm。
- 电缆耐温：-20～150℃。
- 电缆重量：约 500kg/km。
- 缆芯电阻：每千米 30Ω±3Ω。
- 缆芯绝缘电阻：应大于 200MΩ。

（三）电缆通断绝缘检测

如前所述，电缆承担着供电和传输信号等任务，因此，电缆各缆芯的通断、各缆芯对电缆外皮的绝缘及各缆芯之间的绝缘情况，对测井成败起到至关重要的作用。在生产准备过程中，电缆通断绝缘检测是非常必要的，其步骤如下：

（1）从绞车上放下马笼头或电缆头，将其置于仪器架上，卸掉护帽，用气雾清洁剂清洗插针，去除油污，同时检查插针的弹性及松紧程度。

（2）将地面测井仪缆芯控制面板上的外部缆芯插孔 1～7 用短路线分别与地线（电缆外皮）短路。

（3）用万用表分别测量马笼头或电缆头 1～7 芯与电缆外皮的电阻值，并记录。依据电缆阻值计算电缆长度时，应以电缆中心线 7 芯阻值为依据。确认无误后，再测量电缆绝缘。

（4）拔掉地面测井仪缆芯控制面板外部缆芯插孔上的短路线，同时将信号输入开关置于"断开"。

（5）将兆欧表测量电压调为 500V，分别测量马笼头或电缆头 1～7 芯与电缆外皮的电阻值，此值即为各缆芯的对地绝缘电阻，均应大于 200MΩ。再用兆欧表分别测量电缆的不同缆芯之间的电阻值，此值即为各缆芯之间的绝缘电阻，均应大于 200MΩ。核磁测井应大于 500MΩ。每次测量完毕后，测量缆芯均应短路放电。若绝缘电阻达不到要求，应对电缆或电缆头做进一步检查。

（四）电缆拉断力试验

由于电缆在测井过程中要输送各种下井仪器和工具，并承受拉力，所以电缆的抗拉强度对安全施工的作用是很关键的。可以通过电缆拉断力试验来判断电缆额定拉断力是否达到要求（图 2-4-18）。下面叙述具体要求和操作步骤：

（1）新启用的电缆应进行拉断力试验，在用的电缆应每两个月进行一次拉断力试验，并记录结果。图2-4-19为电缆拉断力实验结果图。

（2）自绞车滚筒电缆尾端剪掉约10m电缆，配合工艺室人员将电缆安装在拉断力测试系统的工作舱内，电缆两端固定牢靠。

（3）盖好测试系统盖板并锁紧，由工艺室人员启动测试程序，开始电缆拉断力试验。试验结束后记录测试结果。

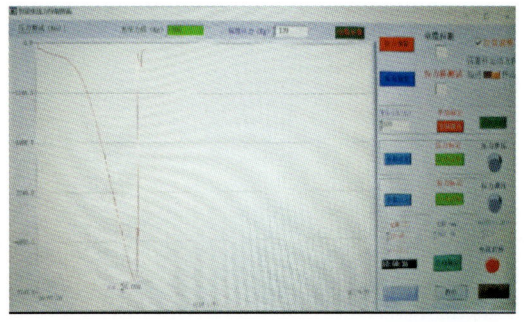

图2-4-18　电缆拉断力实验　　　　图2-4-19　电缆拉断力实验结果图

（五）电缆脆化检测

在含有硫化氢等强腐蚀性气体的井中进行测井，会使电缆内、外层铠装钢丝受到一定程度的腐蚀，可能使铠装钢丝产生脆化现象，因此，应定期或在测完含硫化氢的井后，对电缆铠装钢丝进行脆化检测。步骤如下：

（1）将电缆脆化检测器在工作台上安放固定好。图2-4-20为电缆脆化检测器实物图。

（2）取电缆0.5m左右，并将内外层钢丝逐层剥开，分成两组，外层一组，内层一组，放于一侧待检。

（3）安装轴线金属丝，拉紧绷直，调整好摇动手柄。

（4）逐根检查钢丝脆性：将钢丝端头插入轴线金属丝固定孔槽，左手拉紧被测钢丝，右手均匀摇动手柄，正转5圈（被测钢丝在轴线金属丝上正向缠绕5圈），然后反转5圈。根据不同测试结果，作出如下处理：

图2-4-20　电缆脆化检测器实物图

正转 5 圈过程中，出现一根钢丝断裂，停止测试。自绞车滚筒电缆尾端剪除 30～50m 后，重新取样品测试。依此反复，直到钢丝不断为止。在反转过程中，低于 3 圈出现钢丝断裂（即钢丝在正反转 8 圈以下断裂），则判为不合格。

（六）电缆的使用及保养

（1）电缆在测井绞车滚筒上应排列整齐（图 2-4-21）。

图 2-4-21　安装电缆

（2）测井上提电缆时，应安装刮泥器，将黏附在电缆上的原油、水或钻井液清除干净。

（3）在腐蚀性强的介质中作业过的电缆应及时用清水清洗，去掉水气后涂防腐油，防止电缆锈蚀。图 2-4-22 为锈蚀电缆实物图。

（4）执行测井任务时，最后一次提升电缆时应对电缆进行防腐处理。

（5）对断芯、绝缘破坏的电缆应及时检修，各项参数应达到测井的要求。图 2-4-23 为跳丝电缆实物图。

图 2-4-22　锈蚀电缆实物图　　　　图 2-4-23　跳丝电缆实物图

（6）绞车滚筒上的电缆终端要固定牢固，绞车滚筒上不下井的电缆应最少保留三层。

（7）冬季测井施工气温低于0℃时，应在井口处用蒸汽对刮泥器下方的电缆加热，防止钻井液在滑轮沟槽处结冰出现电缆跳槽。

（8）备用的电缆应进行防腐处理后避雨水封存，电缆盘应直立放置（电缆盘中心轴与地面平行）。

（9）当电缆出现下列情况之一时，可作报废处理：

① 电缆拉力检测的拉断力低于额定拉断力的75%。

② 电缆全长三分之二以上的外层钢丝磨损已超过原直径的三分之一。

③ 钢丝腐蚀、锈蚀严重，内外层钢丝发生氢脆现象。

④ 断芯和绝缘破坏无法修复，满足不了测井项目所需缆芯根数；经技术人员试验和分析已经不能使用的电缆。

十一、鱼雷、电缆头

（一）保养

（1）施工作业结束返回基地后，应对电缆头进行清洁。

（2）检查外观应无损伤、无变形、无锈蚀，螺纹无损伤，顶丝、保护弹簧等部件齐全、完好且装置可靠。

（3）插头、接线柱无损伤、无松动、无变形。

（4）用万用表测量所有缆芯通断应正常。

（5）用兆欧表测量各接线对地绝缘电阻和线间绝缘电阻均应大于500MΩ。

（二）三锥套制作

（1）用万用表、兆欧表分别检查鱼雷及电缆的通断、绝缘是否完好。

（2）按顺序穿入鱼雷或电缆头相应配件（图2-4-24），把锥套的外锥穿到电缆外铠上（图2-4-25），并固定在台虎钳上。

（3）用小号一字螺丝刀将电缆外层钢丝沿电缆螺纹逆时针旋转将钢丝分开，放入中锥，将外层钢丝依次均匀分开，要求钢丝无交叉重叠，再穿入冲子（图2-4-26），用手锤将中锥与外锥铆平。

（4）将外层多余钢丝去掉（图2-4-27），用相同的工序完成内锥的砸制。

图 2-4-24　穿入鱼雷或配件　　　　　图 2-4-25　穿入锥套

图 2-4-26　穿入冲子　　　　　　　　图 2-4-27　去除多余钢丝

安全提示：①要求锥套表面铆接平整。②钢丝无交叉重叠。③锥套表面折断钢丝处无毛刺。④在铆接过程中缆芯无损伤。

（5）将缆芯外表清洁干净，剪去多余长度的缆芯，锥套平面以上留6～7cm 长的缆芯（图 2-4-28），依次将胶套穿好，用剥线钳剥去 4mm 长的绝缘层，然后用夹线钳把铜芯夹好（图 2-4-29），要求线与铜芯夹牢固，缆芯无损伤。

（6）用兆欧表和万用表检查电缆绝缘和通断。

（三）安全提示

（1）电缆头锥体间的电缆钢丝要分布均匀不能有重叠。

（2）用平锉等物件对锥体外壳的电缆钢丝断点修理平滑，以免伤害电缆缆芯。

图 2-4-28　预留缆芯　　　　　　　图 2-4-29　夹好铜芯

（3）特殊情况下的强制维修规定：

① 穿芯打捞后，快速鱼雷要进行强制二级维修。

② 在含硫化氢井中施工一口标准井，进行一次强制二级维修。

十二、电缆集流环

（一）技术指标

（1）集流环两端航空插头对应引线固定电阻，应小于 0.5Ω。

（2）集流环转动时两端航空对应线转动电阻值，应小于 0.5Ω。

（3）集流环各引线对外壳绝缘性，应大于 200MΩ。

（4）集流环各线间绝缘性，应大于 200MΩ。

（5）集流环实物见图 2-4-30。

（二）维护保养

卸掉集流环固定螺丝，从绞车滚筒轴上取下集流环。打开集流环外壳，使用无水酒精清洁内部并固定内部螺丝。使用吹风机对主体进行旋转烘烤（图 2-4-31），使无水酒精充分挥发。安装集流环时，要确保与绞车滚筒处于同心轴上，连接插头紧固可靠。

（三）安全提示

（1）集流环的外壳应固定好，防止碳刷部分与绞车滚筒同轴转动，从而绕断滑环线。

图 2-4-30　集流环实物图

图 2-4-31　用吹风机对电缆集流环主体进行烘烤

（2）集流环上方应安装防雨盖板，清洗车辆后仓时，不要用水枪直接冲洗集流环。

（3）卸开的航空插头再次重装时，可少量涂抹硅脂，保证密封性完好，不漏水。

（4）禁止在通电或绞车转动状态时拆卸集流环。

（5）应定期维护保养集流环，否则可能使绝缘减小，从而影响井下仪器通信，严重时会因内部绝缘过低或短路造成井下仪、地面仪器损坏。

十三、马丁代克

马丁代克是用来测量电缆深度和运行速度的装置，测井电缆穿过马丁代克，马丁代克的测量轮压紧电缆，测井电缆运行时带动测量轮旋转，同步旋转的光电编码器输出脉冲信号，发送至绞车控制面板，即可计量电缆运行的深度、速度。所以，为保证测井曲线深度的准确性，必须正确使用、维护保养马丁代克，以保证其始终处于完好状态。图2-4-32为马丁代克实物图。

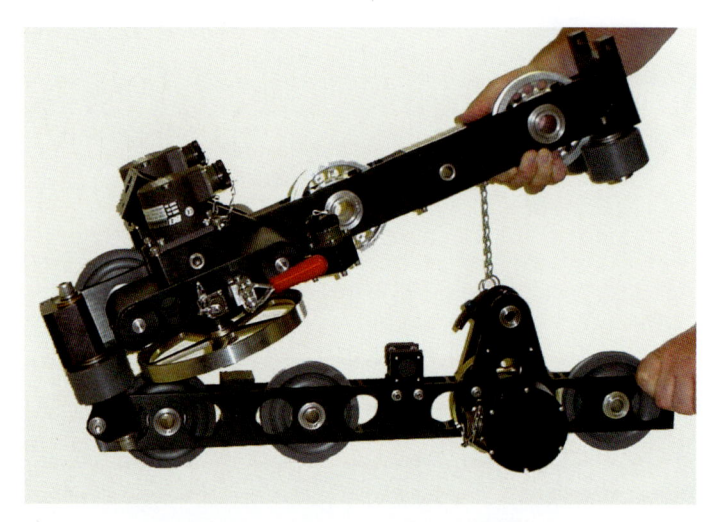

图 2-4-32 马丁代克实物图

（一）马丁代克的结构

不带张力传感器的马丁代克由支架、测量轮、导向轮、光栅编码器组成。带张力测量的马丁代克由支架、测量轮、导向轮、光栅编码器、张力轮、张力传感器组成。

（二）马丁代克的使用

（1）施工作业结束后，应将马丁代克与电缆分离，使拉力弹簧恢复到初始位置，并将马丁代克牢靠固定在支架上。

（2）检查测量轮、导向轮、压紧轮应转动灵活可靠，无卡、碰现象。

（3）两测量轮应在同一高度，不应有错位现象。

（4）各部位的固定螺丝应牢靠，确保所有轴卡扣紧固。

（5）检查测量轮的磨损情况，并报告作业队长，由作业队长决定是否需要更换测量轮。如果测量轮磨损过大，会影响测井深度。

（6）测量轮应能压紧电缆，在电缆运行过程中，测量轮与电缆之间应无滑脱或停顿现象。否则，会在测井过程中，丢失深度，严重影响测井质量。

（7）冬季施工，防止测量轮结冰，造成测量轮停止转动而导致深度错误。

（三）马丁代克的保养

（1）电缆运动的状态下，禁止维护、保养马丁代克。

（2）施工作业结束返回基地后，应擦拭清洁马丁代克。不应冲洗马丁代克，防止水浸入编码器。

（3）每 5 口井应对马丁代克注一次润滑脂，确保轴承润滑。

（4）带张力传感器的马丁代克，应定期进行校准，具体要求与张力计相同。

十四、马笼头

马笼头是电缆和下井仪器之间的一种硬连接工具。主要分为测井马笼头和射孔马笼头两类。

（一）测井马笼头

测井马笼头包括电缆马笼头、电极马笼头，外径尺寸主要为 55mm、76mm 和 90mm 三种。

1. 电缆马笼头

通过机械连接方式把电缆和仪器连接或断开。用承压接线柱实现电缆缆芯和仪器的承压连接，用于电缆和仪器连接。主要由鱼雷母头、安全拉力棒连接头、密封连接头、电缆长胶囊、马笼头外壳（含打捞帽）、多芯插头总成等组成。图 2-4-33 为电缆马笼头实物图。

2. 加长电极马笼头

在电缆和马笼头之间用软电极连接使马笼头和电缆绝缘，用于侧向加长电极。主要由快速鱼雷、加长电极、安全拉力棒、拉力棒连接头、拉力棒键座、密封连接头、电极长胶囊、马笼头外壳（含打捞帽）、多芯插头总成等组成。

3. 电极系马笼头

在电缆和马笼头之间用软电极连接使马笼头和电缆绝缘，在软电极中间有一定间距的金属铅环通过导线连接马笼头，用于横向电极系测量探头。主要由快速鱼雷、电极

图 2-4-33 电缆马笼头实物图

系铅环、安全拉力棒、拉力棒连接头、拉力棒键座、密封连接头、电极长胶囊、马笼头外壳（含打捞帽）、多芯插头总成等组成。

（二）射孔马笼头

射孔马笼头主要用于电缆射孔作业，外径尺寸主要为 38 mm、73mm 两种。射孔马笼头采用铜锥套和电缆外铠钢丝制作弱点，主要由马笼头外壳（含打捞体、打捞头）、铜锥套、单芯或多芯插头等组成。图 2-4-34 为射孔马笼头实物图。

图 2-4-34 射孔马笼头实物图

（三）性能要求

马笼头的外观尺寸应符合设计要求，无形变、无损伤、无锈蚀，连接螺纹、顶丝、定位销、保护弹簧、护套等部件齐全、完好，且装配可靠。

（四）维护保养要求

（1）在井口起吊仪器时，要戴好起扶筒，并在仪器尾部拴好拉绳，慢慢移动，严禁碰撞。

（2）马笼头每起出井口一次，都应重复进行下井前的整体检查，必要时补充硅脂或硅油。

（3）施工结束后，应对马笼头进行清洗、润滑、紧固，补充硅脂或硅油，更换 O 形密封圈和变形、松动的部件，对线路的绝缘、通断和电极系进行检查，并做好使用记录。

（4）在行车前，应将马笼头固定在测井绞车的保护筒内，防止碰撞。

（5）电缆马笼头拉力棒更换要求：

① 不满足弱点设计要求时。

② 超过 20 口标准井、不足 20 口标准井超过 6 个月。

③ 穿芯打捞后。

④ 多次遇卡，且受力达到拉力棒额定拉力的 70% 以上。

⑤ 多次在大斜度定向井中施工，达到 5 口标准井以上。

（6）射孔马笼头弱点重新制作要求：

① 不满足弱点设计要求时。

② 常规电缆射孔下井次数超过 30 次。

③ 复合射孔、127 mm 以上大直径射孔器射孔等高能量作业下井四次。

④ 遇卡时弱点处承受拉力达到弱点拉断力 50% 以上。

⑤ 通断绝缘性能受损需要重新制作马笼头时。

⑥ 在含硫井、酸性介质井作业后。

⑦ 爆炸切割、松扣作业前。

（五）射孔马笼头弱点制作要求

（1）应考虑井深、井眼条件、电缆强度和射孔枪串的重量等因素。

（2）弱点值应不大于电缆拉断力的 50% 与井内电缆悬重的差值，同时应大于射孔枪串重量的 125%。

（3）弱点制作应采用内、外层钢丝反穿铜锥套压制的方式。

（4）弱点钢丝布置：由 3 根内层钢丝呈 120°平均分隔外层钢丝，压制的钢丝都应均匀分布。

（5）弱点拉力理论值按公式（2-4-1）计算：

$$F \leqslant F_d \times 50\% - G_d \qquad (2\text{-}4\text{-}1)$$

$$G_d = G_L - f \qquad (2\text{-}4\text{-}2)$$

式中　F——弱点拉力值，单位为千牛（kN）；

　　　F_d——电缆拉断力，单位为千牛（kN）；

　　　G_d——工具串在井内最深作业位置时的电缆悬重，按公式（2-4-2）计算，单位为千牛（kN）；

　　　G_L——电缆在空气中自重，单位为千牛（kN）；

　　　f——井液对电缆的浮力，单位为千牛（kN）。

（6）外层钢丝数量按公式（2-4-3）计算：

$$N = \frac{F/k - f_n \times n}{f_w} \qquad (2\text{-}4\text{-}3)$$

式中　N——弱点电缆外层钢丝根数（向下取整）；

　　　k——弯折系数，值取 0.85；

　　　f_n——电缆内层钢丝单根拉力，单位为千牛（kN）；

　　　n——弱点电缆内层钢丝根数，值取 3；

f_w——电缆外层钢丝单根拉力,单位为千牛(kN)。

注1:电缆钢丝单根拉力以实测或出厂单根拉力值乘磨损系数计算得出。

注2:磨损系数为最近一次拉断力值与出厂拉断力值的比值。

十五、吊装带

吊装带是用于吊装、牵引、捆绑、固定等作业的软索具。吊装带为扁平形,双环,应具备防火、防油性能。图 2-4-35 为吊装带实物图。

图 2-4-35　吊装带实物图

(一)性能要求

(1)产品外观无破损。

(2)无明显折痕、扭点、松散、起包等。

(二)维护保养

(1)每次使用后对吊装带进行清洗保养、进行外观检查。

(2)运输和存放使用时时避免砸伤、折扭。

(3)严禁使用双保险吊装带吊装任何工具与物品。

(4)吊装带在运输过程中严禁与铁质工具混合存放,要求放置于仪器车后仓备用轮胎上。

(三)报废条件

产品达到下列情况之一或以上的,报废处理:

(1)本体被切割、严重擦伤、带股松散、局部破裂。

（2）表面严重磨损、吊带异常变形起毛、磨损达到原来带宽的十分之一。

（3）合成纤维出现软化或者老化、表面粗糙、合成纤维剥落、弹性变小强度减弱。

（4）吊装带发霉变质、酸碱烧伤、热熔化或烧焦、表面多处疏松、腐蚀。

（5）承载接缝绽开、缝纫线磨断。

（6）使用期限满 5 年，必须更换。

十六、其他测井辅助设备

其他测井辅助设备包括：U 形环（图 2-4-36）、止退销（图 2-4-37）、鹅脖子（图 2-4-38）、仪器专用牵引绳或牵引钩、仪器架（图 2-4-39）、仪器推车、中子偏心器、扶正器、间隙器（图 2-4-40）、井径刻度环（图 2-4-41）等。均应外观完好、无破损、无开焊等不良状况。

U 形环应每年进行一次探伤检测。

图 2-4-36　U 形环实物图

图 2-4-37　止退销实物图

图 2-4-38　鹅脖子实物图

图 2-4-39　仪器架实物图

图 2-4-40　间隙器实物图　　　　图 2-4-41　井径刻度环实物图

第五节　测井井控设备

一、电缆悬挂器

在裸眼井测井期间发生井涌、井喷时，可以把测井电缆安装固定在电缆悬挂器上（图 2-5-1），在井口实施剪断电缆措施，然后由钻井队在电缆悬挂器上抢接钻井防喷单根（带内防喷工具），及时下钻，实施关井作业，防止井喷失控事故的发生。使用井口电缆悬挂器在提高测井期间发生井喷时关井可靠性的同时，也保障了井口剪电缆的安全性，在避免电缆和下井仪器落井的同时，也为井控和井下安全提供一定的保障，减少了井喷事故处理的额外作业风险。图 2-5-2 为电缆悬挂器结构图。

（一）电缆悬挂器工作原理

在测井过程中发生溢流、井涌现象时，如果使用钻井井口闸板关井方法，井口以下电缆及仪器会落入井内，造成巨大经济损失，后续的打捞工作也将非常困难。测井队应在井口使用电缆悬挂器固定井中的电缆，在井口使用液压断缆钳将测井电缆剪断，再在悬挂器上方连接钻

图 2-5-1　电缆悬挂器卡盘实物图

具进行压井控制溢流。从而达到避免仪器落井、提高关井可靠性和时效性的目的。

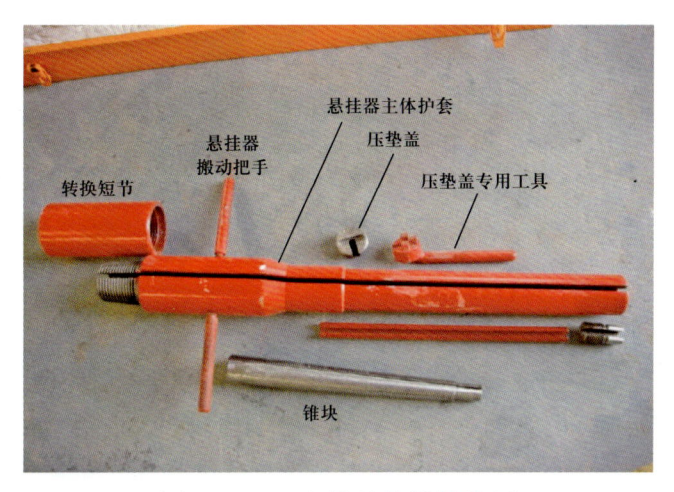

图 2-5-2 电缆悬挂器结构图

（二）电缆悬挂器使用方法

（1）停止上提测井电缆，将卡盘槽对正电缆进入，置放在井口上。将悬挂短节对正电缆进入，置放在卡盘上。

（2）抬起悬挂器搬动把手，将悬挂器主体套进测井电缆（图2-5-3），并坐入卡盘里，尽量使电缆处于悬挂器主体中间，之后卸掉把手。

（3）将两个锥块从悬挂器上方对扣在电缆上，并沿着测井电缆放到悬挂器主体内的锥孔内（图2-5-4），缓慢下放电缆，将锥块敲紧，确保电缆锁紧。

图 2-5-3 穿入电缆　　图 2-5-4 放入锥块

（4）将压垫盖穿过电缆，放入悬挂器主体内螺纹内（图2-5-5），先手工旋紧压垫盖，再使用专用扳手将其紧固（图2-5-6）。

图 2-5-5　放入压垫盖　　　　　图 2-5-6　旋紧压垫盖

（5）再次下放电缆，确定电缆锁紧。用液压断缆钳将悬挂短节上部50cm剪断电缆。

（6）将转换短节安装在悬挂器主体上，卸下搬动把手。

（7）下放钻井游车，卸下测井天滑轮，收回剪断的电缆。

（8）钻井游车提起防喷单根与电缆悬挂器连接，下放钻具，按相关规定实施关井、压井作业。

（三）井口电缆悬挂器的维护保养

（1）每次使用后，应对井口电缆悬挂器进行拆卸、清洗、涂抹螺纹脂，更换锥块，外部喷防锈漆后重新组装，置于干燥处存放待用。

（2）使用2年后，除需更换锥块外，还需进行探伤并按钻具标准进行螺纹检查。

（3）连续使用5年、螺纹和本体探伤不合格及在高浓度硫化氢条件下使用后应进行报废处理。

（四）安全提示

（1）悬挂器主体套进测井电缆过程中注意不能硬碰测井电缆，防止损坏电缆，导致电缆断开。

（2）测井仪器遇卡时，应将测井电缆下放 5m（留作后续穿心打捞时用），再剪断电缆。

（3）起下钻过程中禁止转盘、游车转动，下钻速度应平稳，避免电缆打结、损伤。

（4）转换短节应每年进行一次探伤检测。

二、电缆 T 形卡

（一）电缆 T 形卡的检查与保养

（1）电缆 T 形卡外观应完好，无形变、破损、锈蚀等不良现象。图 2-5-7 为电缆 T 形卡实物图。

（2）紧固螺丝齐全，螺纹无损伤并应涂抹润滑脂，保证润滑良好。

（3）卡口铜衬无松动、无缺失。电缆卡孔螺纹清晰、无污迹油污。

（4）固定卡销无形变、无锈蚀，防坠链条完好。

（5）应每年进行一次探伤检测。

图 2-5-7　电缆 T 形卡实物图

（二）安全提示

电缆 T 形卡锁紧电缆的原理与方法与电缆悬挂器类似，对于一般井控风险的油气井，测井施工时不要求配备电缆悬挂器，但必须配备电缆 T 形卡。施工时应放置于钻台上便于拿取的位置，在突发井控事故或电缆跳槽等工程事故时，以便能够快速处置。

三、液压断缆钳

（一）液压断缆钳的检查

（1）液压断缆钳外观应完好，无变形、破损等不良现象。图 2-5-8 为液压断缆钳实物图。

（2）切刀应伸缩正常，各部件无松动、脱落和损坏现象。如有损坏应及时更换。

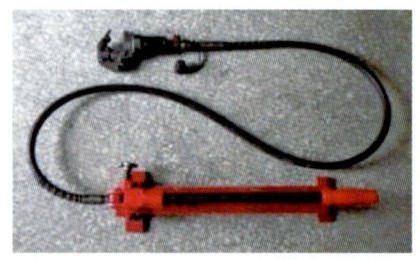

图 2-5-8　液压断缆钳实物图

（二）安全提示

如果液压断缆钳无法正常工作，现场突发井控事件时，无法快速剪断电缆，延误关井时间，可能造成严重的井控事故。

四、四合一气体检测仪

（一）功能

四合一气体检测仪可检测：氧气（O_2）、一氧化碳（CO）、硫化氢（H_2S）的浓度，以及可燃气体爆炸下限（LEL）。图 2-5-9 为四合一气体检测仪实物图。

图 2-5-9　四合一气体检测仪实物图

（二）使用

（1）四合一气体检测仪应佩戴在人员腰部以下（符合所在工作区域甲方要

求）。四合一气体检测仪应电量充足，功能完好，且在鉴定周期范围内。

（2）使用柔软的湿布擦拭仪器外壳。禁止将检测仪浸泡在液体中，禁止使用溶剂，肥皂或抛光剂等。

（3）检测仪因高浓度可燃气体而发生报警，应重新对其进行校准，或必要时应更换传感器。

（4）在某些环境中，电磁波的干扰可能会导致检测仪非正常工作。

（三）安全提示

（1）硫化氢报警值的设定：第一级报警值应设置在阈限值［硫化氢含量15mg/m^3（10ppm）］，达到此浓度时启动报警，提示现场作业人员硫化氢的浓度超过阈限值；第二级报警值应设置在安全临界浓度［硫化氢含量30mg/m^3（20ppm）］，达到此浓度时启动报警，现场作业人员应佩戴正压式空气呼吸器，并采取相应措施；第三级报警值应设置在危险临界浓度［硫化氢含量150mg/m^3（100ppm）］，达到此浓度时启动报警，应立即组织现场人员撤离作业现场。

（2）若检测仪损坏，则无法及时监控现场有毒、可燃气体含量，可能造成人员中毒、火灾爆炸等事故。

五、正压式空气呼吸器

（一）功能

正压式空气呼吸器是一种自给开放式空气呼吸器，它利用面罩与佩戴者面部周边贴合，使佩戴者呼吸器官、眼睛和面部与外界染毒空气或缺氧环境安全隔离，具有自带压缩空气源供给佩戴者呼吸所需要的洁净空气，呼出的气体直接排到大气中，呼吸循环进行时面罩内的气压始终比环境气压大，故称为正压。图2-5-10为正压式呼吸器结构图。

（二）检查与使用

1. 检查面罩

面罩视窗应清晰完好，无划痕、无裂纹；头带和颈带应完好，不缺不断；进气口应无异物、无堵塞；面罩密封空间密封圈应完好；戴好面罩，用手掌堵住进气口，应密封不透气，无"咝咝"的响声，说明面罩气密性完好。图 2-5-11 为正压式呼吸器面罩实物图。

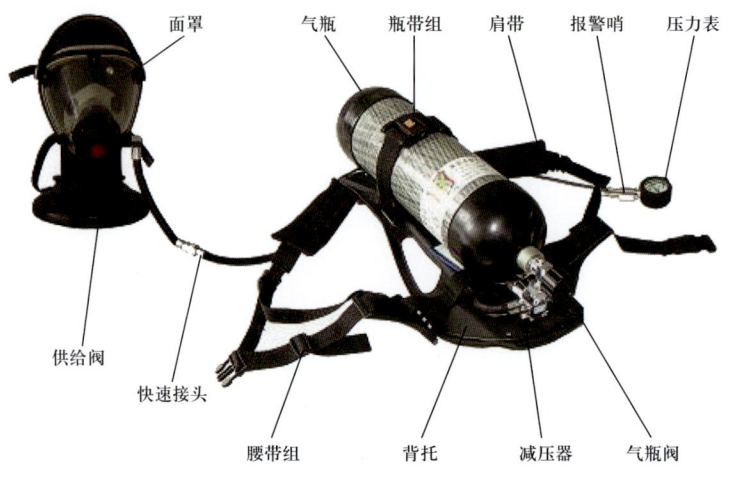

图 2-5-10　正压式呼吸器结构图

2. 检查呼吸器主体

气瓶外观应完好，外壳及表面无明显变形、凹陷、裂痕等机械损伤；气瓶与背板应固定牢靠；背板应完好（图 2-5-12）；肩带应完好、腰带及卡扣应完好无损。

图 2-5-11　正压式呼吸器面罩实物图　　图 2-5-12　正压式呼吸器背架实物图

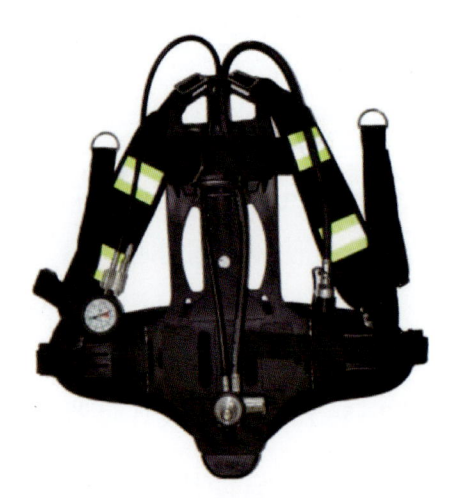

3. 检查气瓶压力

打开气瓶阀（逆时针旋转），观察气瓶压力表（图 2-5-13），气瓶压力应在 28～30MPa。图 2-5-14 为检查正压式呼吸器气瓶压力表。

图 2-5-13　正压式呼吸器气瓶压力表实物图

图 2-5-14　检查正压式呼吸器气瓶压力表

4. 检查管线及阀件密封性

管线与压力表及供气阀应连接紧固。关闭气瓶阀，观察气瓶压力表在 1min 内压力的下降不超过 2MPa，说明管线及阀件密封性完好；若管线及阀件密封性差，会缩短使用时间，应及时更换。

5. 检查报警系统

轻轻按下供气阀按钮，供气阀应缓慢放气，说明供气阀完好；继续缓慢放气，观察气瓶压力表，当压力表指针到达红色报警区域（6MPa 左右）时，报警哨响起，说明报警系统工作正常。

正压式呼吸器使用中，报警哨响起后大约还可以继续使用 5～10min，使用时间因工作强度和个人体质不同而不同。当报警哨响起，使用者应尽快离开危险区域。若报警系统有问题，则无法及时提醒工作人员，可能造成人员伤亡。

6. 背起气瓶

使气瓶阀朝下，握住背板把手，将背板举过头顶至背部，两臂张开穿过肩带，使肩带自由下落到肩上。向下拉紧肩带调节带（图 2-5-15）。拉紧腰带的调节带，根据腰围调节好腰带长度，并扣好腰带扣。此时肩部所受重量会明显减轻。

7. 佩戴面罩及检查系统安全性能

将面罩颈带挂在颈部。捋起前额头发，一只手托住面罩使面罩密封圈与面部贴合良好。另一只手将面罩头带向后拉罩住头部，首先调整下颌处头带，然后调整太阳穴，最后调整顶部头带，再次确定面罩密封性完好。打开气瓶阀，旋转两圈以上，并检查气瓶压力表是否在28～30MPa。将供气阀与面罩连接好。深吸一口气，应感觉呼吸顺畅，说明一切正常，可以使用（图2-5-16）。

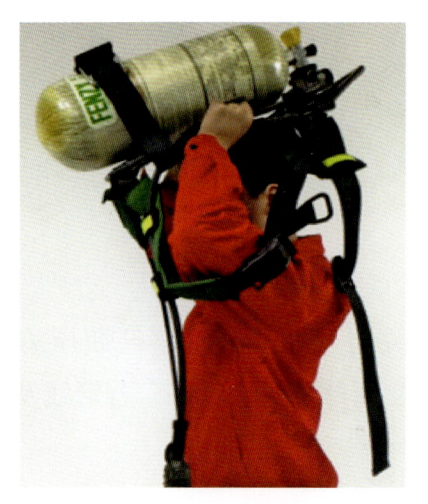

图2-5-15 背起气瓶　　　　　图2-5-16 佩戴面罩

（三）脱卸装置

（1）按住供气阀卡簧按钮，从面罩取下供气阀，松开头戴后，取下面罩。

（2）关闭气瓶阀。

（3）解开腰带卡口，取下呼吸器。

（4）按下供气阀按钮，放空管路内余气。

（5）将正压式空气呼吸器放入专用存放箱内。

（四）安全提示

（1）有呼吸方面疾病的人员，不可担任需要呼吸器具的工作。

（2）担任劳动强度较大的工作后，不应立即使用呼吸器。

（3）使用正压式呼吸器，应两人一起同行，彼此照应。

（4）使用中如果感觉呼吸阻力增大、呼吸困难、头晕等不适现象，以及其他不明原因时应及时撤离现场。

（5）佩戴者在使用中，应随时观察压力表的指示值，根据安全地点的距离和时间，及时撤离到安全地点；当压力表指示值为 5～6MPa 时，无论报警器是否报警，都要撤离到安全地点。

（6）气瓶在使用过程中，应避免碰撞、划伤和敲击。

（7）气瓶应在有效期限内使用。背板和面罩的检测周期为 1 年，气瓶的检测周期为 3 年。

（8）气瓶不应长时间在高温下暴晒，否则瓶内气体受高温影响会发生膨胀、气压上升，产生安全隐患。

六、电缆防喷装置

（一）用途

电缆防喷装置用于生产井作业、射孔作业、勘探测井作业或其他电缆带压下井作业，可提供压力的缓冲区和仪器通过的过渡区。在测井施工过程中，当井内有压力时通过注入高压高黏的密封脂使电缆在静态和动态状况下均能密封井口完成测井，在作业过程中防止井喷事故的发生，是电线安全作业必备的井控设备。或者是在作业过程中井有溢流却不能控制及其他意外情况时关闭井口，防止井喷事故的发生，可为带压电缆测井作业提供安全可靠的井口压力控制系统。

（二）主要组成

电缆防喷装置主要由注脂密封控制头（防喷盒）、上捕捉器、防喷管、下捕捉器、防掉器、封井器、井口连接短节、注脂泵、手动油泵、高压管线、注脂管线、溢流管线等组件构成。

（三）工作原理

电缆防喷装置有 2 组密封：上密封和下密封。

上密封为静密封，工作原理是，液压油由手压泵压入液压缸，推动活塞，挤压密封胶块，使其抱紧电缆，其密封程度取于手压泵压力的大小。

下密封为动密封，是阻流式密封。当电缆外径和阻流管内径差值很小时、阻流管和电缆之间的缝隙对井内流体外泄将产生很大的阻力，造成井口压力的降低，阻流管根数多，压力降低也多，电缆下井也更困难。为了防止井内流体从间隙中流出，利用注脂泵将密封脂通过单向阀注入间隙中，由于密封脂的黏度比水的大得多，从而达到动密封的目的。

（四）操作规程

（1）将井口滑轮、滑轮链条或吊带、地滑轮支架、张力计、防喷管、下捕捉器、封井器、井口连接短节、注脂泵、注脂泵管线、手动油泵及其管线、溢流管线、井口工具及井口连接线搬至井口安全位置。

（2）下放足够的电缆，同时将电缆绕成"∞"形置于井场安全位置。

（3）操作人员站在清蜡阀门的侧面关闭清蜡阀门，缓慢打开丝堵上压力表的放压阀，待压力回零后卸下丝堵。

（4）将放压丝堵安装到井口上并用管钳拧紧。

（5）操作者站在清蜡阀门的侧面打开清蜡阀门后，站在上风或侧风方向，一手缓慢打开放压丝堵上的放气阀门，另一手持复合式气体检测仪检测放出的气体是否含有硫化氢气体。如井内含有硫化氢气体，立即停止施工，向生产管理部门汇报，等待指令。无硫化氢气体，继续施工。

（6）操作者站在清蜡阀门的侧面关闭清蜡阀门，缓慢打开放压丝堵上的放气阀门放压，用管钳卸下放压丝堵，把井口活接头螺纹部分缠上生料带，安装到井口上并用管钳拧紧。

（7）安装地滑轮，地滑轮链条或吊带一端锁在采油树套管法兰盘以下，另一端锁在地滑轮上。

（8）把防喷管抬到架子上，卸掉两端的护帽，检查O形密封圈有无破损，有破损时必须及时更换，密封面要擦干净并涂上润滑脂，连接好后用钩扳手拧紧。

（9）检查防掉器O形密封圈有无破损，有破损必须及时更换，密封面要擦干净并涂上润滑脂，将防掉器连接到防喷管底端拧紧。

（10）检查封井器双向阀门应处于关闭状态，检查O形密封圈有无破损，有破损时必须及时更换，密封面要擦干净并涂上润滑脂，将封井器与防掉器连接拧紧。

（11）张力计上端与吊升三角板连接，上紧固定销螺帽，插上防脱销，下端与天滑轮吊耳连接，上紧固定销螺帽，插上防脱销；将张力线插头插入张力计插座内拧紧。

（12）连接下井仪器前测井工先检查密封面及O形密封圈是否完好，确认下井仪器完好后，用专用工具上紧仪器串。

（13）将仪器串送入防喷管内，把防喷头与防喷管密闭连接，防喷头一端要有人拉电缆，防止电缆在防喷管内打结。

（14）将各种管线和牵引绳在井口附近打开拉直，手压泵管线接头一端连到防喷头液压缸接头上上紧，接头另一端连到手压泵上。溢流管线接头一端连到防喷头溢流出口上，溢流管线出口端放在污液回收罐内并固定。牵引绳一端拴到被吊物下端，防喷头调整绳拴到上端。

（15）将吊升三角板与控制头的吊装卡板连接好，并检查确认螺丝齐全紧固，防脱销齐全，吊装链条或吊带无断丝、死弯，吊车吊钩防脱销完好。

（16）将吊升三角板上吊环挂入吊车吊钩内，打开天滑轮防跳侧盖，将电缆装入电缆槽内，合上防跳侧盖，拧紧螺丝。

（17）起重机械指挥人员指挥吊车缓慢吊起防喷系统，在设备离开地面（10~20cm）后进行试吊刹车，正常后，起重机械指挥人员指挥吊车将吊起的防喷系统与井口活接头短节密闭连接，用钩扳手上紧。

（18）打开地滑轮防跳侧盖，将电缆装入电缆槽内，合上防跳侧盖，拧紧螺丝。

（19）通知绞车工下放电缆至目的深度，录取测井资料。

（20）录取资料完毕，上提电缆至井口，确认仪器进入防喷管后，操作者站在清蜡阀门侧面关闭井口清蜡阀门。

（21）打开防掉器上的泄压阀门，泄压时必须注意防喷、防污染。

（22）泄压完成后卸开封井器与井口短节连接的活接头，操作者手拉电缆，然后指挥吊车缓慢将防喷管吊离井口，施工人员使用牵引绳控制将防喷管平放到地面。

（23）确认仪器串断电后拆卸仪器串，清理干净后戴上护帽放到生活车指定位置固定摆放。

（24）拆卸天、地滑轮，防喷设备等，将设备清洁后放到指定位置摆放。

（25）清点工具、设施，清洁井场。

(五)安全提示

(1)打开清蜡阀门时,操作人员必须站在阀门侧面,缓慢开启阀门。

(2)打开清蜡阀门后,在防喷管内产生水流声时停止开阀门,等到防喷管内与井内压力平衡后,应保持压力10min(试压10min),由队长和HSE监督员对防喷系统检查确认。

(3)安装电缆防喷系统后,必须检查防喷系统没有"跑冒滴漏"现象方可下井,否则立即整改。

(4)拆卸防喷装置前,必须先打开放掉器上的泄压阀门,泄压完全后才能拆卸。

第六节 井口工器具及材料

除了前面讲解的测井辅助设备、测井井控工具外,测井工还需要备齐以下工具和材料。

一、井口工器具

表2-6-1为井口工器具明细表。

表2-6-1 井口工器具明细表

序号	名称	规格	数量	备注
1	手提工具箱		1	
2	十字形螺丝刀1#	250mm	1	杆径6mm×全长366mm
3	十字形螺丝刀2#	150mm	1	杆径6mm×全长266mm
4	一字形螺丝刀1#	200mm	1	杆径5mm×全长304mm
5	一字形螺丝刀2#	150mm	1	杆径5mm×全长254mm
6	尖嘴钳	8in	1	
7	斜嘴钳	8in	1	
8	剥线钳	7in	1	
9	钢丝钳	8in	1	

续表

序号	名称	规格	数量	备注
10	快调式鱼口钳	8in	1	使用最大管径45mm
11	直口卡簧钳	9in（尖端直径ϕ2.3mm）	1	适用卡簧范围ϕ40~100mm
12	曲口卡簧钳	9in（尖端直径ϕ2.3mm）	1	适用卡簧范围ϕ40~100mm
13	公制球头内六方	10件套	2	2~10mm
14	英制球头内六方	12件套	2	1/16~3/8in
15	活动扳手	12in	1	长300，最大开口38mm
16	勾头扳手		4	
17	铝合金管钳	36in	1	总长900mm
18	什锦锉	10件套	1	ϕ5×180mm
19	中齿平板锉	12in	1	
20	高强度剪刀	8in	1	
21	塑柄推钮美工刀	刀宽18mm	1	8节18×100mm
22	电工刀		1	
23	钢卷尺		1	
24	轻型铝合金锯弓	12in	1	锯弓锁紧力可达90kg
25	钢锯条	25mm（32齿）	1	12in锯弓用
26	销冲	6件套	1	2mm，3mm，4mm，5mm，6mm，8mm
27	纤维柄八角锤	2.5lb	1	总长361mm
28	强光手电筒	可充电式	1	
29	黄油枪/硅脂枪	储油量600cc[①]	2	
30	角磨机	800W	1	砂轮最大直径ϕ100mm
31	电钻	350W	1	金属钻孔10mm 木材钻孔20mm
32	电缆头（马笼头）制作工具套装		1	

① 1cc=1mL。

二、井口材料

测井工需要备齐材料有：仪器常用密封圈、铅丝、硅脂、润滑脂、硅油、单手套、棉手套、线手套、棉纱、黑胶布、高压胶、弱点（拉力棒）、电缆头（马笼头）插针、胶套、锥套等。

三、安全提示

（一）工器具的使用

（1）所有的工器具应定期检查与保养。

（2）正确使用工器具，不清楚时查阅使用方法。

（3）使用角磨机、手电钻等工具时，应同时配戴护目镜等防护器具。角磨盘或钻头未装牢前，禁止使用。

（4）工器具养护时应在静止状态下实施。

（5）使用尖锐的工器具时防止刺伤。

（6）工器具已达使用年限或使用极限，禁止再使用。

（7）遇有故障或损坏应立即检查维修，无法修复的工具，及时更换。

（二）工器具的管理

（1）工器具应有专人集中保管，且容易检查与维修。

（2）各种工器具加以分类并存放于固定位置。

（3）建立工器具与设备台账。

（4）应定期盘点工器具的数量。

（5）贵重工器具应收存妥当，避免遗失。

（6）工器具存放场所应避免潮湿，并有良好的环境。

第七节　射孔器材及配套装备

射孔器材包括民用爆炸物品和非民用爆炸物品。民用爆炸物品主要有射孔弹、导爆索、传爆管、电雷管、起爆器等；非民用爆炸物品主要有射孔枪、弹架、枪接头、枪尾等，配套装备主要有减振器、丢手装置、筛管、投棒、打捞工具等。

一、射孔弹

射孔弹是目前油田大量使用的一种以炸药为动力，具有聚能效应的油气井专用爆炸工具。图 2-7-1 为射孔弹实物图。

图 2-7-1　射孔弹实物图

（一）射孔弹的分类

根据弹体承压结构分为有枪身射孔弹和无枪身射孔弹，根据射孔弹的穿孔性能分为深穿透射孔弹、大孔径射孔弹和大孔径深穿透射孔弹，根据耐温性能分为常温射孔弹、中温射孔弹、高温射孔弹和超高温射孔弹。

（二）射孔弹的命名

以射孔弹的穿孔性能、药型罩开口直径、主炸药类型、射孔弹单发装药量和产品改进型号等内容命名，其中穿孔性能的含义为穿透、孔径的性质，并用相应符号表示，无枪身射孔弹在最前面增加工作压力项。图 2-7-2 为射孔弹型号命名示意图。

示例 1：BH36RDX33-1 表示药型罩开口直径为 36mm、主装药为 RDX、射孔弹单发装药量为 33g、产品改进型号为 1 型的大孔径有枪身射孔弹。

示例 2：50DP26RDX10-1 表示工作压力为 50MPa、药型罩开口直径为 26mm、主装药为 RDX、射孔弹单发装药量为 10g、产品改进型号为 1 型的深穿透无枪身射孔弹。

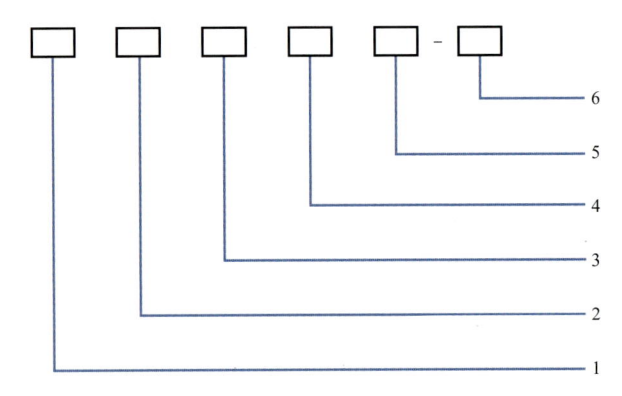

图 2-7-2　射孔弹型号命名示意图

1—射孔弹的工作压力［单位兆帕（MPa），无枪身射孔弹适用，有枪身射孔弹此项空缺］；2—射孔弹穿孔性能（DP 表示深穿透射孔弹，BH 表示大孔径射孔弹，GH 表示大孔径深穿透射孔弹）；3—药型罩开口直径［毫米（mm）］；4—主炸药类型；5—射孔弹单发装药量［克（g）］；6—产品改进型号

二、起爆器材

（一）电雷管

电雷管是在雷管中加装了一个电引火装置，用电能作为起爆源的雷管，它输出爆炸冲能，用来引爆其后的猛炸药。

1. 防静电电雷管

防静电电雷管是针对人身静电而专门设计的，具有抗静电能力、体积小巧、结构简单、成本低廉操作简便等优点，但是由于它对杂散电流、射频等防御能力较低，现已逐渐被其他产品取代。

2. 磁电雷管

磁电雷管须专门的起爆仪器才能起爆，具有较好的安全性和安定性，能够杜绝井场中的杂散电流和人身静电及射频对它造成的威胁，是目前国内普遍使用的油气井电缆输送射孔用电雷管。

3. 大电流机械安全雷管

大电流机械安全雷管是利用井液压力来控制插针运动，通过插针的运动来控制电雷管电路的断开与闭合，避免了在井场上由于误操作造成的安全事故。同时，电雷管自身较大的发火电流是其安全性的又一道保障，其发火电流（直流）为 2A。

（二）起爆器

起爆器是由火帽、继爆雷管、扩爆管组成，外覆以外壳构成。当具有一定冲能的击针刺入火帽时，产生爆轰和火焰，逐次引爆继爆雷管、扩爆管，输出威力大的爆轰能量用以引爆下一级火工品（如传爆管或导爆索等）。图2-7-3为起爆器实物图。

（三）起爆装置

油管输送射孔起爆装置由机械总成和起爆器（火工件）组成。按作业方式分为撞击激发式、压力激发式、撞击与压力激发双效能起爆装置。

图 2-7-3　起爆器实物图

1. 撞击激发式起爆装置

撞击激发式起爆装置就是利用撞棒在油管中下行产生的冲量剪断固定销后，活塞下行击发起爆器起爆。这种起爆方式通常适用于常开式油管输送且斜度不大于30°的直井射孔作业。

2. 压力激发式起爆装置

压力激发式起爆装置的起爆方式是在井口施加压力，作用于压力起爆装置活塞上，活塞在井口施加的压力和井液压力的共同作用下剪断剪切销后快速运动，击发起爆器爆轰，引爆射孔枪串。它除涵盖撞击激发式起爆装置的适用范围外，还适用于联作工艺井、大斜度井、水平井或其他工艺井的射孔作业。

按在射孔管串的位置分为（枪头）压力起爆装置、双向压力起爆装置、枪尾压力起爆装置，按功能划分有压力开孔起爆装置、压差起爆装置等。

三、传爆器材

（一）导爆索

导爆索是内装猛炸药、用来传递爆轰波的索类火工品，导爆索本身需要用其他起爆器材（如雷管）引爆，然后可以将爆轰能传递到另一端，引爆与其相连的射孔弹或另一根导爆索。

按导爆索耐热性能分为常温级（用"RDX"表示）、高温级（用"HMX"表示）、超高温级（用"PYX"或"HNS"表示），按导爆索收缩性能分为普通型和低收缩率型（用"LS"表示），按导爆索爆速分为普通型、高爆速型（用"HV"表示）、超高爆速型（用"XHV"表示），按导爆索耐压性能分为普通型、耐压型（用"HP"表示）。

（二）传爆管

传爆管由药剂和壳体组成，具有"承上启下"作用。要求传爆药既要感度好，又要输出威力大。在射孔枪中使用时，传爆管能可靠接收上节导爆索传递来的爆轰波，并在该外有放大作用，可克服装配空位对爆轰波的衰减而传递、引爆下节导爆索。

四、射孔枪

射孔枪是指射孔施工中承载射孔弹的密封承压发射体。一般由枪身、枪头、枪尾和密封件等组成，其作用是保护枪内的射孔弹、弹架、导爆索、传爆管等部件，不受井下高压、酸碱及施工时产生的振动撞击等复杂环境的影响，以保证导爆索的可靠传爆和射孔弹的起爆。图 2-7-4 为射孔枪实物图。

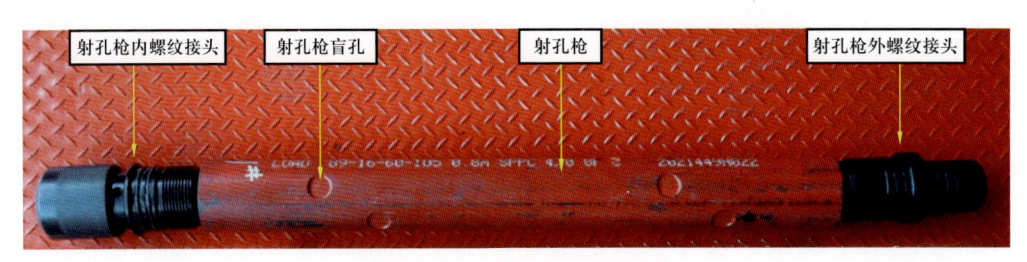

图 2-7-4 射孔枪实物图

射孔枪的型号主要以射孔枪外径、孔密、相位角、额定压力值等内容命名。图 2-7-5 为射孔枪型号命名示意图。

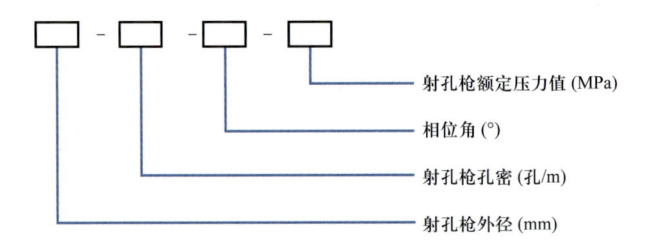

图 2-7-5 射孔枪型号命名示意图

示例：89-16-60-105表示外径为89mm、孔密为16孔/m、相位角为60°、额定压力值为105MPa的射孔枪。

五、配套装备（工具）

配套装备（工具）不但为实现各种不同的施工和井下射孔作业提供了可能，而且在提高射孔作业的可靠性、安全性方面也发挥了极其重要的作用。

（一）减振器

减振器安装在封隔器和射孔枪之间，主要作用是油管传输射孔时，减弱对下井仪器和管柱的振动。目前现场使用的减振器有两种：纵向减振器和横向减振器。

（二）丢枪装置

丢枪装置的主要用途是射孔枪起爆后，依靠外部力量使解锁装置解锁，从而实现丢弃射孔枪串动作，随后可进行大型酸化或加砂压裂等后续施工作业。

目前常用的丢枪装置主要有两种：投球丢枪装置、自动丢枪装置。

1. 投球丢枪装置

投球丢枪装置采用卡爪结构，在射孔枪完成射孔后，从井口投钢球，钢球落到限位套后，从井口加压剪断剪切销，压力推动限位套向下运动并释放下接头上的卡爪，在重力和压力推动下释放到井底。

2. 自动丢枪装置

分为投棒自动丢枪装置和压力自动丢枪装置两种。

1）投棒自动丢枪装置

投棒自动丢枪装置包括安全机械点火头和释放装置两部分。投棒射孔后来自枪管内的液柱压力剪断剪切销，推动限位套向上移动并释放下接头上的卡爪，从而立即释放射孔枪串。

2）压力自动丢枪装置

压力自动丢枪装置包括压力起爆装置和释放装置两部分。井口加压起爆射孔枪后来自枪管内的液柱压力剪断剪切销，推动限位套向上移动并释放下接头上的卡爪，从而立即释放射孔枪串。

（三）筛管

筛管主要用于 TCP 射孔作业中，起平衡和沟通油套压的作用，一般装在起爆器的上方。目前常用的筛管按筛孔的形状可分为普通筛管、长槽筛管和割缝筛管等。

（四）打捞工具

打捞工具用于打捞 TCP 射孔作业中的投放棒，主要由盖帽、连接套、剪切销、保护帽和止动块等组成。

第八节　常用操作技能

一、安装电缆

（一）安装电缆的要求

安装电缆就是将新电缆从交货盘复绕到滚筒上的过程。正确安装电缆是保护电缆、保证电缆正常完成测井作业的重要基础。电缆安装后要求各层电缆在滚筒上按一定张力分布缠绕整齐，特别是底层缠绕整齐，应采用双扭曲（双拐点）走缆方法，缩小拐点长度，分散电缆拐点处的挤压力，防止电缆挤压变形。

（二）操作规程

（1）检查所要安装电缆的通断、绝缘是否正常，将电缆绕到拖电缆的恒张力装置上。

（2）将测井绞车按规定位置停好对正并打好掩木，将电缆头从绞车滚筒内侧的通信孔穿入，从滚筒外侧拉出。

（3）留足连接滑环线的长度，将电缆的钢丝剥开剁断处用专用小电缆卡子固定，或直接将剥开的钢丝反向打结，用胶布、铅丝扎牢。回抽电缆，使小电缆卡子或制作的电缆疙瘩挡在滚筒侧孔外侧。

（4）使用角尺和粉笔，从入孔的中心点过滚筒芯到对面的法兰盘画一条线，这条线一直被画到两边的法兰盘上。在第二个拐点也标注一个同样的记号。

（5）将固定拖电缆装置的手刹车放到适当位置，使电缆张力符合要求。将拖电缆装置的计数器清零，记准所上电缆的长度。

（6）慢速开动绞车绕电缆，第一圈一定要紧贴滚筒壁，绕回到起点之前要自然留出 10～20cm 的倒角。

（7）第一层电缆不应出现明显缝隙，到滚筒另一端升入第二层的位置应和第一层的起点对应。过了或提前都不能上好电缆。如果进入第二层的位置不对则应进行调整，过了向另一侧挤，提前了要向同侧挤，如果仍不能达到目的，应将电缆下掉改变电缆拉力，重新起电缆。若电缆拐点位置不合适，可以在滚筒慢慢旋转时，用工具把填充材料填到合适的位置，直到整圈电缆被盘入。在盘第一层的最后一圈前，必须确定在何处放置第二段填充材料。如果不需要增加圈数，第二段填充材料应该在 0°～180° 的位置或在第一段填充材料的相反位置。如果需要增加半圈，就应该在 180°～360° 的位置（使用工具让电缆和材料靠在一起）或直接放在第一段填充材料的相同位置。

（8）电缆安装完成后，再次检查电缆的通断和绝缘。

（9）绕好电缆后将长度、型号、上电缆日期记录到电缆记录本上。

（10）固定电缆，清理场地。

（三）注意事项

（1）禁止抛甩工具及设备。

（2）对电缆绝缘检查后，应将缆芯与外层钢丝接触进行放电。

（3）安装电缆时拉力选择应合适，拉力选择原则为：

① 第一层电缆拉力为拉断力的 10%～15%。

② 第二层电缆拉力为拉断力的 20%～25%。

③ 第三层至中部为拉断力的 33%。

④ 中部至电缆头由 33% 逐渐下降到零。

二、电缆打扭打结处理

（一）电缆打扭、打结原因

电缆在下井过程中，由于下速过快而在井筒内堆积，发生缠绕、扭结，造成电缆打扭，打扭长度一般为 0.5m 至几十米不等。打扭的电缆一般在上提过程中拉开一部分，剩下的扭被扭死成结就是电缆打结。导致电缆打结的根本原因是电缆在井筒中的堆积，造成电缆在井筒中堆积的原因主要有测井遇阻未及时发现造成的电缆堆积及由于电缆下放速度过快、井况因素、钻井液因素及电缆自身因素所导致的电缆下放速度大于井中仪器的移动速度所造成的电缆堆积。

电缆打扭、打结后，将导致电缆铠装层损坏，同时使其铠装层磨损增大，造成电缆的抗拉强度急剧下降和缆芯通断及绝缘性能的破坏。严重时，极可能导致更大的安全事故。

（二）处理方法

在测井生产准备和施工作业过程中，都有可能发生电缆打扭、打结事故。电缆打扭、打结使电缆受损的程度不同，导致的后果和采取的处理方法也截然不同。

当发生电缆打扭事故时，首先检查电缆的通断和绝缘情况，根据其结果确定处理方法。当电缆通断、绝缘严重受损，即通断和绝缘不能满足测井施工要求时，应收工返回基地重新叉接电缆后，再进行施工。当电缆的通断和绝缘完好时，通过采取一定处理方法后，继续施工。

在测井施工作业中，电缆打结的情况不同，有单个结、多个结，甚至有的结打成一串或麻花状。对于单个或多个小结而不影响电缆上绞车滚筒的，可立即上起电缆，收工返回基地。完成叉接电缆，重新做好记号后，再投入使用。对于大串结或麻花结，不能直接将电缆收上绞车滚筒，必须在现场采取措施。

注意：防止电缆打扭、打结的重要手段就是在电缆下放过程中，应尽量速度均匀，保持一定的张力，发现遇阻，及时停车。当发现电缆堆积时，上提速度应小于 5m/min。

（三）操作规程

1. 现场处理电缆打扭

（1）使电缆处于不受力状态。

（2）将 2 把整形钳（大力钳）夹在电缆打扭部位的两侧。

（3）用力向电缆打扭方向的反方向转动 2 把整形钳，以使电缆打扭部位恢复原状。

（4）基本恢复原状后，用整形钳在打扭部位的电缆上来回捋几遍，使电缆尽可能地恢复原状。

（5）当手工不能恢复时，可利用绞车匀速缓慢加 10~20kN 的拉力，使电缆恢复原状，然后使用整形钳对其整形。

（6）在电缆打扭的部位恢复原状后，对电缆的通断和绝缘进行检查，通断、绝缘完好方可继续进行施工作业。

2. 现场处理电缆严重打结

（1）将大串结或麻花结起出井口后，在井口处用 T 形电缆夹钳固定。

（2）下放电缆使 T 形电缆夹钳担坐在井口转盘上，并检查是否夹紧电缆。

（3）确认电缆夹紧后，放松电缆尽量将结解开。

（4）若电缆结不能解开且不能通过滑轮，则用断线钳截掉电缆上的大结。

（5）下放天滑轮，将钻台上的电缆拽到猫道上。

（6）将 T 形电缆夹钳与游动滑车固定，起出井中 20m 电缆。

（7）用另一个 T 形电缆夹钳在井口固定电缆并确认固定无误。

（8）下放游动滑车，将井口以上电缆放下钻台。

（9）将两端电缆依据井况及井下电缆长度进行单层或双层铠接。

（10）将电缆收回，进行电缆叉接，重新做记号后，再投入使用。

（四）注意事项

（1）手工实施恢复打扭整形时，整形钳所夹位置应尽量靠近打扭部位。

（2）用绞车增加拉力使打扭的电缆恢复原状时，应缓慢地增加拉力。

（3）截断电缆大结时，T 形电缆夹钳必须上紧。

三、电缆断芯及绝缘破坏点判断

（一）确定电缆断芯位置的基本原理及方法

确定电缆断芯位置的基本原理都是基于缆芯之间或缆芯与缆铠之间相当于一个平行板电容器。当缆芯出现断点时，则长度发生改变，也就是电容器极板面积发生变化，使电容器容量发生改变（变小）。而这个电缆分布电容量与电缆的长度成正比。通过检测电缆电容量变化比例而间接检测出电缆的长度变化，从而根据电缆总长度计算出断芯位置。测井现场常用的检测电缆电容的方法有电容直接测量法和充电法。

（二）确定缆芯绝缘破坏位置的方法

测井现场常用兆欧表及万用表（漏电流法）来确定缆芯绝缘破坏位置，检查方法如图 2-8-1 所示，当缆芯绝缘电阻小于 0.1MΩ 时，将万用表接于被测缆芯两端，使用 50μA 挡或 1mA 挡，将兆欧表一端表笔接缆芯一端，另一端表笔接缆皮。用均匀的速度摇动兆欧表，待电流表读数稳定后记下读数 A_1。将兆欧表接缆芯的一端换接到缆芯的另一端，同时将电流表的表笔两端互换，同样摇动兆欧表手柄，测出电流表读数 A_2，则可用式（2-8-1）计算缆芯绝缘破坏位置：

$$L_1 = \frac{A_1}{A_1 + A_2}L \quad 或 \quad L_2 = \frac{A_2}{A_1 + A_2}L \quad （2-8-1）$$

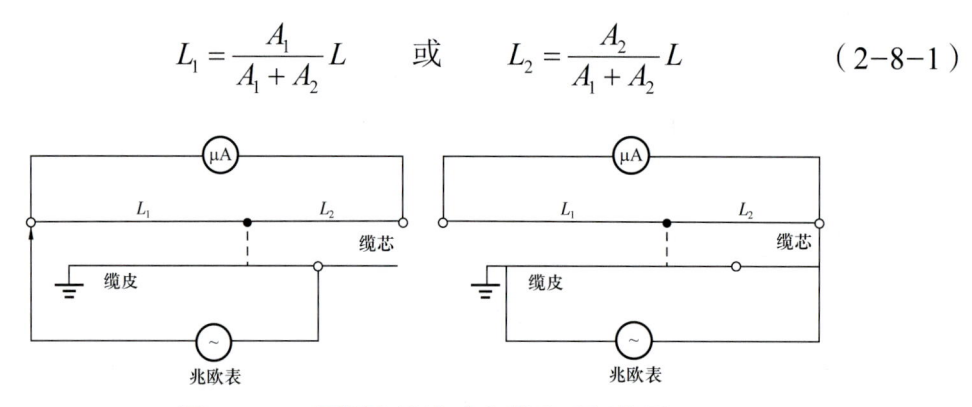

图 2-8-1 用漏电流法确定缆芯破坏位置

（三）操作规程

1. 确定电缆断芯位置

（1）剥开电缆两端的铠装钢丝，按顺序剥出缆芯的导电铜芯。

（2）清洁缆芯两端测试连接点。

（3）用万用表测量各缆芯阻值，判断出故障缆芯。

（4）根据电缆长度 L 选择合适的电容量挡位。

（5）用电容表同一挡位分别测量断芯电缆两端对缆皮的电容值 C_1，C_2。

（6）由公式 $L_1 = \frac{A_1}{A_1 + A_2}L$，计算出某一端到断点的长度 L_1。

（7）采用相同或不同的电容测量法进行重复验证，确认断点位置判断无误。

(8)将电缆和工具归位。

2. 确定电缆绝缘破坏位置

(1)剥开电缆两端的铠装钢丝,按顺序剥出缆芯的导电铜芯。

(2)清洁缆芯两端测试连接点。

(3)用兆欧表测量各缆芯绝缘电阻,判断出故障缆芯。

(4)将万用表置电流测量挡,量程置 50μA 挡或 1mA 挡接于被测电缆的两端。

(5)将兆欧表一端表笔接缆芯的一端,另一端表笔接缆皮。用均匀的速度摇动兆欧表,读出万用表显示的稳定电流值 A_1。

(6)将兆欧表接缆芯的一端换接到缆芯的另一端,万用表两表笔互换,同样均匀摇动兆欧表,读出万用表显示的稳定电流值 A_2。

(7)使用式(2-8-1),计算出缆芯绝缘损坏的具体位置。

(8)采用相同测量方法进行重复验证,核实绝缘破坏位置的判断。

(9)将电缆和工具归位。

(四)注意事项

(1)对电缆绝缘检查前应确认电缆与地面仪器已经断开。

(2)对电缆绝缘检查后,应将缆芯与外层钢丝接触进行放电。

(3)不要接触正在检查绝缘中的电缆缆芯。

(4)兆欧表应放在平稳处使用,摇动手柄速度应均匀。

(5)兆欧表未停止转动前,勿触及测量设备或兆欧表接线桩。

(6)利用双端电容法检测电缆断芯位置时,缆芯应彻底断开,且断芯位置只有一处。

(7)利用万用表和兆欧表判断电流绝缘破坏位置,电缆缆芯不能断芯,绝缘电阻应小于 0.1MΩ。

四、电缆叉接方法

(一)电缆叉接概述

叉接电缆采用导电缆芯交叉相接后再用绝缘材料包裹密封,内、外层钢丝采用进退剥去与交替对接的方法来增强电缆连接点的抗拉强度。通过该方法所接电缆在保证电缆绝缘性和整体性的同时，基本不会增加电缆的直径。

（二）操作规程

1. 电缆铠装层的预处理

（1）甲端：剥电缆内外层钢丝，将端头外层钢丝三等分，扒下长度不小于 24m 并盘成径 0.4～0.5m 三组圈，使钢丝螺距不变形；将露出的内层钢丝及缆芯剪掉 18m，余下 6m 内层钢丝及缆芯备用，将余下 6m 内层钢丝三等分，扒下钢丝盘好，使钢丝螺距不变形；将露出的 6m 缆芯剪掉 5.3m，余 0.7m 备用。

（2）乙端：剥电缆内外层钢丝，将乙端外层钢丝从端头处扒下 6m 剪掉，剪掉部位用胶布包好，将乙端内层钢丝从端头处扒下 0.7m 剪掉，剪掉部位用胶布包好，露出 0.7m 缆芯。

2. 叉接缆芯

（1）将甲、乙两端 0.7m 缆芯部位重叠，并将缆芯外层保护材料扒开，露出导线。

（2）将甲端缆芯从端头任选一根用剥线钳剥掉绝缘层 2cm，露出铜芯，分成伞状。

（3）从乙端端头找出与甲端被剥掉缆芯相对应的那根缆芯，剥掉 2cm 绝缘层，使其两端铜芯部位重合，并同样分成伞状，两伞对叉后旋紧。

（4）将对叉旋紧后的铜芯用透明胶带扎 2 层，再用四氟胶带扎 2 层，且两端分别包过铜芯 1cm。

（5）缆芯接头一个螺距接一根缆芯，将所有缆芯都均匀对称地接好，使各缆芯接好后的长度一致。再用塑料胶带将全部缆芯一起包扎 2 层，厚度均匀。

3. 内、外铠装层钢丝的叉接

（1）将甲端 6m 长内层钢丝三组在不加外力情况下，按原螺距顺序铠过缆芯接头部位，到乙端内层钢丝断头处。

（2）用甲端一组内层钢丝替出乙端相对应的一组钢丝，用同样方法分别替好三组钢丝，使接头部位均匀地分布在 5.3m 内层钢丝上。

（3）将甲端内层钢丝分组每根按不少于 3 个螺距均匀地替出对应的乙端每组钢丝，并剪掉替出部分，剪后其缺口距离在 0.5～0.8cm。

（4）将甲端三组外层钢丝在不加外力的情况下，按原螺距顺序错过内层钢丝叉接部位，到乙端外层钢丝断头处。

（5）将外层钢丝按 6m 一组分三组替好，以每组每根钢丝接头距离不小于 6 个螺距均匀地替出对应的乙端每组每根钢丝。同样剪掉替出部分，剪后其缺口距离在 0.5cm 以内。

4. 外铠装层钢丝压钢片

（1）用大力钳（专用钳口）将外层钢丝接头处两端夹紧，2 把钳子以钢丝缺口处为中心相距大于 10cm。反方向用力使外层钢丝松开，用螺丝刀（50～75cm）分别挑起断丝两边各 5 根插入不锈钢片并尽量将钢片拉斜，以加长压距，使其不小于 6cm。

（2）除去钢片露出部分，用此法将所有外层钢丝接头压好，并用大力钳反复将所有接头部位赶平，使其钢丝受力均匀，使接头部位有足够的拉力。

（三）技术要求及注意事项

（1）外层钢丝每个接头间距 500mm（正负误差 50mm 以内）。
（2）外层钢丝每个接头间隙应控制在 3～5mm。
（3）外层钢丝无变形、无缝隙，电缆整体圆度好、光滑。
（4）叉接七芯电缆接头处最大外径与原电缆外径之差不大于 0.3mm。
（5）缆芯电阻值变化不应超过 1Ω。
（6）缆芯与缆皮的绝缘电阻不应小于 500MΩ。
（7）抗拉强度不应小于原电缆的 94%。

五、遇卡处置

（一）技术要求

在上提测井过程中，当差分张力表的指针突然向顺时针方向转动（即张力增量突然增大），并且张力表的张力读数突然增大时，可判断为井下遇卡，此时测井曲线也将出现异常。

（1）当张力在安全张力之内能够自行解卡时可继续测井；当张力达到最大安全张力仍不能自行解卡时，应立即刹住绞车，换挡下放电缆。

（2）下放电缆前，对有推靠的仪器串应先将推靠臂收拢。若仪器能下行，下放 30~50m 后再上提电缆，在上提电缆的过程中可采用变速的方法力争使仪器变换运行轨迹以使其通过卡点。若仪器不能下行，则下放电缆至放松状态或至少将电缆张力恢复到悬重状态。通常可下放电缆 8~15m 后，较上次适当增加拉力再上提绷紧电缆。

（3）上提电缆拉力达到最大安全张力仍不能解卡后，则需反复下放上提电缆，每次上提电缆的过程中，应逐渐增加上提拉力，同时根据电缆净增张力和电缆伸长量计算卡点位置。若卡点位置为井下仪器或卡点位置不能准确判定，在经过多次反复下放上提电缆仍不能解卡时，应在最后一次上提电缆使张力达到最大安全张力，刹住绞车使电缆绷紧，等待自行解卡。

（4）采取上述措施，且以最大拉力绷紧电缆较长一段时间后仍不能解卡，则需建议生产部门领导实施穿心解卡打捞作业。

（二）操作规程

1. 套管鞋卡

当测井项目已测完，上提仪器至套管鞋处，发现张力突然增大时应立即采取应急停车措施，逐个检查各部位的安全情况。在确认各部位正常后，慢慢下放电缆，如果张力逐渐恢复测时悬重，则说明此遇卡属于套管鞋卡。

（1）对于套管较浅的井，可通过上下反复活动电缆及在井口人为活动电缆的方法，使套管不至于紧贴套管鞋而自动解卡。

（2）对于套管较深的井，一般情况下可通过上下反复活动电缆解卡。

（3）特殊情况下不能解卡时可采用旁通式解卡。

2. 正常测井过程卡

在正常测井过程中，发现张力逐渐增大，当增大到一定程度时，根据井深结构和所掌握的井下情况，准确地判断出遇卡类型后立即实施解卡作业。

1）井眼缩径卡或砂桥卡

（1）当净拉力增加到一定程度不能解卡时，停车收回推靠。

（2）慢慢下放电缆，当张力恢复到测时悬重时，观察仪器是否也随之下放。

（3）逐渐加大上提拉力（仍小于安全拉力），观察电缆活动情况。

（4）采用这种方法反复上拉仪器，至把仪器拉出达到解卡为止。

（5）如果多次努力没有进展，最后用最大安全拉力（测时悬浮重＋弱点拉断力×75%）。提拉2次以上仍不能解卡时，应提议采取穿心解卡。

2）仪器在井底遇卡

（1）收回推靠。

（2）用最大安全拉力提升，绷紧。

（3）若绷一段时间仍不能解卡，可提议采取穿心解卡。

3）推靠臂失灵遇卡

（1）可直接提升到安全拉力。

（2）如不能解卡，可提议采取穿心解卡。

4）电缆或仪器吸附卡

直接提升到安全拉力，等候穿心解卡。

5）井壁垮塌造成的仪器遇卡

（1）当净拉力增加到一定程度不能解卡时，停车收回推靠。

（2）上下反复提拉仪器。

（3）经过上下反复提拉仍然不能解卡，用最大安全拉力提拉2次以上。

（4）若仍不能解卡，可提议进行穿心解卡。

6）键槽卡

收回仪器推靠，拉到最大安全拉力，等待穿心解卡。

7）电缆打结卡

（1）比较仪器到达井底时地面所显示的深度与实际井深，确定电缆打结程度。

（2）电缆打结不严重时，可用穿心法解卡。

（3）若电缆打结非常严重，直接提拉电缆，使电缆从弱点断开，然后用打捞设备将仪器捞上来。

（三）注意事项

（1）测井施工前必须仔细检查张力表和差分张力表的性能，确保完好。

（2）发现遇卡，当张力达到最大安全张力时，必须立即停车。

（3）带有推靠的仪器遇卡时，应首先收拢推靠臂，再采取下步措施。

六、穿心解卡施工

（一）穿心解卡工艺及特点

穿心解卡工艺就是通过快速接头的连接和分离，使电缆穿过整个钻具水眼，在下钻解卡时利用电缆起到引导作用，使接在钻具端部的打捞工具能准确地套入遇卡仪器，同时利用了钻具拉力大、打捞过程中能循环钻井液处理井筒及钻杆对电缆粘卡所起到的剥离作用，来实现测井仪器或电缆解卡的一种有效工艺。

由于电缆起到悬吊仪器和导向的作用，保证了打捞的成功，并能很好地保护仪器，因此穿心解卡具有以下特点：

（1）打捞成功率高。

（2）能够完整地保存仪器和电缆。

（3）打捞周期短，一般可在1～2天内完成。

（4）适用于国产及进口各类下井仪器的打捞。

（5）可以在打捞过程中循环钻井液，以保护井壁，清理遇卡仪器周围的掩埋物。

（二）穿心解卡工艺及特点

1. 组装卡瓦打捞工具

（1）根据井眼直径和需要打捞的仪器外径选择卡瓦打捞筒和卡瓦。

（2）按技术规范检查打捞筒各部件。

（3）保养螺纹部分，涂抹密封脂。

（4）将打捞筒本体引鞋端向上立于地面。

（5）测量卡瓦尺寸，确认卡瓦尺寸与被打捞仪器尺寸相符。

（6）将螺旋卡瓦装入打捞筒本体内，向左旋转卡瓦，使卡瓦锁舌落入打捞筒本体键槽内。

（7）将卡瓦固定套的锁舌朝下，对准打捞筒本体键槽插入，使卡瓦固定。

（8）将引鞋与打捞筒本体连接。

（9）将容纳管与打捞筒本体连接。

（10）连接安全接头。

（11）清洁场地，工具归位。

2. 组装三球打捞工具

（1）根据井眼直径和需要打捞的仪器外径选择三球打捞筒。

（2）按技术规范检查打捞筒各部件。

（3）保养螺纹部分，涂抹密封脂。

（4）将打捞筒本体引鞋端向上立于地面。

（5）用六方工具把3只标准小球及3个弹簧安装于三球容纳体内。

（6）测量三球之间的长度并确认与被打捞仪器尺寸相符。

（7）将引鞋与打捞筒本体连接。

（8）将容纳管与打捞筒本体连接。

（9）连接安全接头。

（10）清洁场地，工具归位。

3. 连接钻具和打捞工具

（1）指挥钻井队用气动绞车从场地上吊起一根钻具单根放入鼠洞内。

（2）由钻井队用游车吊卡扣住钻杆单根后，使快速接头脱开，将母头及加重放入钻杆单根的水眼内。

（3）上提游动滑车，将钻杆单根从鼠洞内起出。

（4）用钻井队的气动绞车将打捞筒（引鞋+捞筒+容纳筒+变扣短节）吊起放在鼠洞内，在捞筒的上部上好井队的链卡坐于鼠洞上。

（5）将游车吊着的钻杆单根与捞筒连接，使用钻井队的液压大钳将扣上紧。

（6）上起游车，用液压大钳依次将捞筒上各连接部位上紧。

4. 穿心解卡循环钻井液的操作

（1）当打捞筒组合下到循环位置后，将钻具坐于转盘上。

（2）用循环垫放入工具将循环垫放入钻具水眼内，并确认循环垫放正且方向正确。

（3）操作绞车下放电缆，将快速接头公头坐于循环垫上，脱开快速接头。

（4）接上方钻杆，用低排量循环钻井液，处理好井中钻井液，保护井筒。同时冲洗打捞器具内部，有助于打捞作业。

（5）循环结束后，卸下方钻杆，将快速接头母头与公头对接，上提电缆使张力达到超过正常张力 5kN，检查快速接头和电缆端部是否正常。

（6）用放入循环垫的专用工具取出循环垫。

（7）将垫盘插入电缆放于井眼中钻具头上。

（8）指挥测井绞车下放电缆，使快速接头坐于垫盘上。继续下放电缆至能顺利脱开快速接头。

（三）技术要求及注意事项

（1）组装卡瓦打捞筒时，所选择卡瓦的内径应比落鱼外径小 1~2mm。

（2）组装三球打捞筒时，应检查 3 只小球磨损是否严重，超出技术规范要求的禁止使用。

（3）组装打捞筒时应按技术规范检查打捞筒各部件，规格不符或外观检查出现断裂、螺纹变形、壳体严重磨损等情况，不允许使用。

（4）穿心解卡循环钻井液放置循环垫时，由于电缆受力后始终靠井壁一侧，循环垫的安装方向应为循环垫的开口方向与电缆的受力方向相反。

（5）穿心解卡循环钻井液时，快速接头一定要坐在放正的循环垫的中间。

（6）穿心解卡循环钻井液时可以适当上下活动钻具。下放幅度不宜过大，上提高度不应超过下放前的位置。

七、操作绞车起下电缆

（一）测井绞车操作基础知识

测井、射孔等作业使用的电缆缠放在绞车滚筒上，滚筒借助汽车发动机的动力而转动，从而控制电缆在井内按要求的速度上提和下放。操作测井绞车就是通过操纵动力和变速系统使电缆滚筒以不同的速度转动，从而使电缆和井下仪器在井中下放或上提，达到完成测井作业或井壁取心的目的。

（二）操作规程

1. 作业前检查

（1）传动系统外观应无损坏、无变形，各部件连接应无松动，液压系统应无漏油，取力传动轴、十字轴注满润滑脂。液压油箱中液压油油位应处于最低刻度线与最高刻度线之间。

（2）绞车滚筒各部件外观应无损坏、无变形、无松动，滚筒转动应灵活，无异响，支座轴承应注满润滑脂。

（3）绞车控制系统的控制手柄、开关外观应无损坏、无变形，连接应无松动；控制手柄、开关进行控制操作时，绞车应能立即响应；滚筒制动手柄应拉至最低位置（制动状态）。

（4）发动机转速调节开关应处于最低位置，滚筒控制手柄应处于中间位置。

（5）辅助系统外观应无损坏、无变形，连接处无松动，支臂应无漏油；润滑点应注满润滑脂；应松开绞车排缆器固定装置。

2. 绞车操作

1）绞车启动

（1）启动主车发动机，怠速运转直到气压显示值不小于0.6MPa，机油压力显示值应为0.1～0.5MPa，水温表示值应为80～90℃。

（2）将变速箱操纵杆置于空挡位置，踏下离合器踏板，接通取力器开关。

（3）缓慢松开离合器踏板，取力器进入工作状态，取力器指示灯亮，滚筒液压泵随之启动开始工作。

（4）进入绞车操作室，按下配电柜上仪表电源按钮，监测主车发动机转速、机油压力及水温，应与驾驶室一致。

（5）检查液压油箱油位，应处于最低刻度线与最高刻度线之间。

（6）打开绞车电源，观察各仪表指示应正常。气压显示值不应小于0.6MPa；补油压力显示值应在1.8～2.5MPa；负压显示值不超过 −0.003MPa；辅助压力显示值应在6～6.5MPa。

（7）用转速调节开关将主车发动机转速控制在1200r/min ± 100r/min。

（8）冬季应打开液压油箱加热开关，在绞车启动前将液压油预热至20～60℃。高寒地区测井时，应使用低温专用液压油。绞车应空载、低速运转不应少于10min，再进行测井作业。

（9）高温地区测井时，应使用高温专用液压油。测井作业中，如主动散热系统不能使液压油温度保持在60℃以下，应以其他手动方式对液压系统进行散热。

2）起下电缆操作

（1）下放电缆：

松开滚筒制动手柄，将滚筒控制手柄应处于下放位置，通过调整滚筒控制手柄，使电缆下放速度合适。

（2）上提电缆：

松开滚筒制动手柄，将滚筒控制手柄应处于上提位置，通过调整滚筒控制手柄，使电缆上提速度合适。然后通过调节远程调压控制阀，来调节绞车提升负荷能力。在提升电缆时，先打开调压控制阀，将调压控制阀调节到刚能提起负荷的位置；再关闭1/2～1圈，以防止井下遇卡。当绞车负荷增加不能继续提升电缆时，应查明情况。若需继续提升，可再将调压控制阀关闭1/2～1圈，但此时应密切观察张力及测井曲线的变化情况，若遇卡严重，应及时采取解卡措施。当进行高低挡转换时，应先将滚筒控制手柄置于中位，滚筒刹车手柄应处于制动状态，滚筒停止2s，高低挡控制手柄选择需要的挡位后，再开始上提电缆。上提电缆的同时，逐渐解除滚筒刹车，避免高低挡转换时滚筒下滑。

（3）绞车停车：

将液压泵控制阀手柄置于中位后，操作制动手柄，使绞车处于制动状态。将绞车变速箱控制手柄置于空挡位置。

3）作业结束工作

（1）收回电缆后，应固定绞车排缆器；检查液压系统，应无渗漏；断开所有用电设备开关，断开外接交流电。

（2）测井工作结束时，应将滚筒控制手柄置于中位；滚筒制动手柄拉至最低位，高低挡控制手柄置于空挡位置，关闭绞车辅助控制台所有开关。

（3）进入主车驾驶室，踏下离合器踏板，将取力手柄推回，此时取力指示灯熄灭，取力器停止向绞车输出动力；将发动机变速器控制杆置于空挡位置；慢慢放松离合器踏板，取力分离工作结束。

（三）注意事项

（1）操作绞车时要柔和操纵各控制手柄。

（2）更换变速箱挡位时，应将液压泵流量控制手柄置于中位后，把刹车放在 ON 位上停止 6s 再换挡，挡位换完后还应停止 6s 再将刹车放回 OFF 位（此时液压泵无高压油）。

（3）工作中需要改变滚筒转动方向时，必须将液压泵流量控制手柄置于中位，待滚筒停稳后再换向，否则极易损坏传动部件并可能导致深度测量误差。

（4）当温度超过 55℃时，液压散热系统自动工作，为液压系统降温。自动散热装置发生故障时，应使用手动散热控制开关，直接控制散热风扇工作。当液压油温度超过 70℃时，应降低提速。液压油温度超过 80℃时应尽快停止作业。

（5）调压控制阀不能关得过死，否则极易导致其损坏。此外，当调压控制阀发出尖叫声时，应将其稍关一些，以消除噪声，否则会使液压系统严重发热。

（6）作业时非紧急情况不要按下"紧急卸荷阀"按钮来切断动力。要停止绞车，只需将油泵控制手柄置于中位。

（7）滚筒制动刹车手柄（按钮）不要在滚筒运转时使用，应在滚筒停止时把电控手柄慢慢放回中位后再使用。

（8）滚筒高速运转时不要猛地把电控手柄推回或拉回中位，这样会致使滚筒产生剧烈振动，对齿轮和链条造成伤害，除紧急情况动作一定要慢。

（9）在仪器通过套管鞋、井径缩径、井口时，要先逆时针旋转调压控制阀直到滚筒停止后，再顺时针慢慢旋转直到滚筒转动，这时是安全的上提模式。

（10）电缆提升和下放速度不得超出绞车额定的作业速度范围。

（11）应按测井项目要求的测速上提电缆，上提电缆时，应时刻关注测井深度和测井张力，同时注意使用电缆盘缆器盘齐电缆。

八、检查、使用有毒有害气体检测仪及放射性检测仪

（一）有毒有害气体检测仪的用途

有毒有害气体检测仪是用于检测施工现场包括硫化氢等有毒有害气体的一种仪表。它能在可燃气体环境、狭窄空间、泄漏、缺氧、有毒气体环境中使用。在含硫化氢井进行测井和射孔施工时，通过有毒有害气体检测仪监视井口附近的硫化氢含量，以确定现场应急处置措施。

目前现场使用的有毒有害气体检测仪一般为复合式多气体检测仪，如现场常见的能同时检测硫化氢、可燃气、一氧化碳及氧气含量的四合一气体检测仪。它在一台仪器上配备所需的多个气体检测传感器，所以它具有体积小、重量轻、响应快、同时多气体浓度显示的特点。

（二）X-γ辐射仪的用途

X-γ辐射仪是探测电离辐射并具有识别、计量等功能的仪表，是测量γ剂量率的便携式器材，用于监测放射源的储存、运输和使用过程射线剂量的当量水平以及放射源工作区γ剂量率的测量。

（三）操作规程

（1）开启有毒有害气体检测仪电源开关，检查检测仪电源是否缺电。

（2）检查检测仪工作是否正常。

（3）将检测仪放于工衣外侧或固定在工鞋上。

（4）开启便携式X-γ辐射仪电源，检查辐射仪电源是否缺电。

（5）检查辐射仪工作是否正常。

（6）将探头对准被检测物。

（7）记录测量数据。

（8）使用完毕，将其归位。

（四）注意事项

（1）有毒有害气体检测仪和辐射仪应轻拿轻放，避免剧烈震动，以免损坏仪器敏感元件。

（2）传感器窗口应保持畅通，严防堵塞。

（3）使用前必须检查仪器状态是否完好。

（4）仪表必须在保证电量充足的条件下使用，充电时必须在安全场所进行，严禁在有爆炸危险的场所对仪器充电。

（5）有毒有害气体检测仪和辐射仪应在固定位置存放。

第三章　测井工标准化操作知识

第一节　裸眼井测井标准化操作

一、出发前准备

（一）穿戴劳动防护用品

（1）工作前，应穿戴好工衣、工裤、工鞋、手套等劳动防护用品。工衣的袖口、腰部调节扣应全部扣好，前襟衣扣全部扣好。穿高筒工靴时，裤脚应塞进工靴内。

（2）放射源作业前应佩戴好个人剂量计，并准备好射线防护服和射线防护眼镜。

（3）进行吊装作业等有坠落物伤害、轻微磕碰、飞溅的小物品引起的物体打击等风险的场所应佩戴有效期内安全帽，安全帽应外观完好，无破损。佩戴安全帽时应调整好帽衬、旋紧帽箍、系好下颌带。

（4）进行存在金属或砂石碎屑等对眼睛有机械损伤和刺激，或腐蚀性的溶液对眼睛有化学损伤风险的作业时应佩戴防护眼镜。

（二）井下仪器装车

（1）作业队长和操作工程师依据"测井任务通知单"，确定所需要领取的下井仪器和短节。测井工在作业队长或操作工程师的组织下，将需要领取的井下仪器和短节装载到仪绞车或生活车的指定位置，井下仪器全部装载完毕后将气囊打开，并用插杆或链条固定仪器（图3-1-1）。

（2）安全提示：

① 如果不将下井仪器固定牢靠，行车途中可能会造成人身伤害、仪器损坏或仪器丢失。

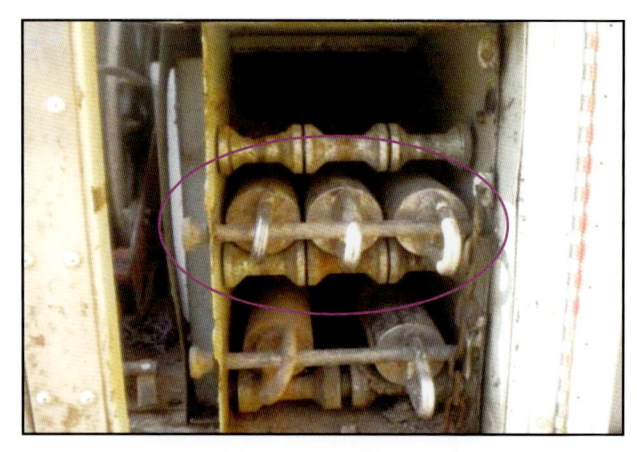

图 3-1-1　仪器装车固定

② 禁止在气囊打开的状态下装卸仪器，防止损坏气囊。

（三）其他设备装车

（1）测井辅助设备、井控工具、井口工器具等放置到仪器车或生活车指定位置并固定牢靠。小型、零散的材料应先装入专用材料箱，再装车固定。

（2）安全提示：

① 上下车辆应扶稳扶手，确保安全的情况下，稳步上下。

② 两人以上抬仪器设备时，动作必须协调整齐，必要时用口号指挥。

（四）放射性物品领取

（1）放射源的领取应严格执行《中国石油集团测井有限公司作业队放射性物品使用注意事项》（测井安全〔2020〕52号）第3.1.1条款："提源人（押源员）凭本单位生产运行部门开具的放射性物品出库通知单（经审批的电子通知单）到源库领取放射性物品。"第3.1.2条款："提源人按通知单的内容核对数量、编号（自编号）、类型、核素、活度等，对放射性物品进行检测确认，填写出库交接记录和放射性物品使用流程卡。"

（2）中国石油集团测井有限公司安全红线："严禁放射源入罐、入库不检测确认。"

（3）提源人（押源员）负责、专用运源车（或仪器车）驾驶员协助将放射源罐装入源舱中，并用链条将放射源罐牢固捆绑后上锁，刻度器放入指定位置。共同检查放射性防盗报警装置，确认报警正常后专用运源车（或仪器车）

驾驶员关闭源舱门并上锁，执行"双人双锁"。

（4）提源人（押源员）应检查源仓承重底，确保安全可靠。

（五）吊装作业

（1）装、卸设备时涉及吊装作业的，应严格执行公司《中国石油集团测井有限公司作业许可及高危作业挂牌制管理办法》（测井安全〔2022〕147号）中"第八章　吊装作业安全要求"。

（2）安全提示：

① 大雪、暴雨、大雾、六级以上大风时，不应露天吊装作业。

② 有下列十种情况之一的，禁止吊装作业，即"十不吊"：

- 吊物重量不清或超载不吊；
- 指挥信号不明不吊；
- 捆绑不牢、索具打结、斜拉歪拽不吊；
- 吊臂吊物下有人或吊物上有人有物不吊；
- 吊物与其他相连不吊；
- 棱角吊物无衬垫不吊；
- 支垫不牢、安全装置失灵不吊；
- 看不清场地或吊物起落点不吊；
- 吊篮、吊斗物料过满不吊；
- 恶劣天气不吊。

二、队伍出发

（一）放射性物运输要求

运输放射性物品时，应严格执行《中国石油集团测井有限公司作业队放射性物品使用注意事项》（测井安全〔2020〕52号）第3.2条款　放射性物品运输要求：

3.2.1　将放射性物品锁在源罐内并将源罐固定在运输车上；不需要使用源罐运输的放射性物品，应直接将放射性物品固定在车辆上的隔离室内或容器内。

3.2.2　必须有专职押源员或单位指派专人负责押运，司机不得兼押源员；司机行车前检查视频监控系统，确保运行正常。

3.2.3　必须按规定行车路线行驶，出发前和每行驶约 2h 停车由押源员对源仓监控报警系统、源仓门锁、警示标识和放射性物品固定情况进行检查并做好记录；押源人员负责全程负责看护。

3.2.4　制定放射性物品运输说明书和应急响应指南，并随运输车辆收存，保证随时可用。

3.2.5　不允许搭乘无关人员和搭运无关的物品；禁止放射性物品与易燃易爆等危险物品同车运输。

3.2.6　运输车不得进入人口密集区和在公共停车场停留，车辆外观应设有明显的电离辐射警示标识。

3.2.7　测井作业队在外食宿，运源车辆停放时，押源人指挥工程车紧靠运源车辆储存箱一侧停放。运输车停放期间，押源员定期使用监测仪对放射性物品进行探测核实，并对储存箱的监控报警系统、源仓门锁、警示标识和放射性物品固定情况进行检查，出发前对放射性物品再次检查和核实。

（二）《中国石油集团测井有限公司测井作业队上井注意事项》（测井安全〔2020〕52 号）

"行车时，驾乘人员系好安全带，司机按交通规则行驶，坐在副驾驶座人员按'六不'（不酒后驾驶、不超速行驶、不争道抢行、不带险通过、不疲劳驾驶、不接打手机看发信息或做与驾驶无关的事）要求对司机进行监督提示。每 2h 停车休息不少于 10min，押源人员检查源仓锁，确认放射性物品状态。"

"遇危险路段要停车并拉好手刹，由队长和司机下车查看并共同决定是否能通过。若决定通过，由队长指挥、其他人员下车。"

（三）《中国石油集团测井有限公司安全红线》

"严禁行车不系安全带和停车不拉手刹。"

（四）安全行车其他要求

（1）乘车过程中，副驾人员应执行《中国石油集团测井有限公司道路交通安全管理规定》(测井安全〔2022〕147号)第四十条:"行车时坐在副驾驶位置的人员要行使押车员职责,协助司机判断路况,及时纠正驾驶员不安全驾驶行为。"

(2)乘车过程中,乘员应协助驾驶员安全行车,不得妨碍行车。乘员禁止与驾驶员闲聊或嬉闹影响驾驶员安全驾驶车辆。

(3)行车途中,禁止人员乘坐仪器车中仓及生活车后仓。否则,一旦发生交通事故,会加重人员伤害。

三、施工前准备

(一)入场须知

(1)《中国石油集团测井有限公司测井作业队上井注意事项》(测井安全〔2020〕52号):

"必须遵守公司HSE规定和甲方及相关方施工要求。必须遵守各级党委政府关于突发应急事件等管控规定。"

"各岗位做好属地区域风险识别和隐患排查,检查井队吊卡活门保险销、链条固定横梁、平台防护栏、逃生通道等符合安全要求。"

(2)对新增的风险,测井工应与作业队长共同制订针对性的控制、削减措施,并落实到岗位。

(3)作业队长组织作业队人员阅读井场的安全须知、了解井场的布局及应急逃生路线图、井场的风险和环境条件。

(4)严禁在施工现场吸烟或违章动用明火,否则可能导致火灾、爆炸事故的发生。

(5)施工现场严禁交叉作业。

(6)根据《中国石油集团测井有限公司测井作业队劳动纪律》(测井安全〔2020〕52号),作业期间要求如下:

① 不准在禁烟区内吸烟。
② 不准脱岗、睡岗、酒后上岗。
③ 不准无关人员进入生产现场。
④ 不准拉运与生产无关的人员和货物。

⑤ 不准在工作时间内做生产流程之外的事情。

⑥ 不准在雷电、大雾、暴雨、沙尘暴等恶劣天气或六级及以上大风时作业。若正在测井作业，应将仪器起入套管内，暂停测井作业。

（二）班前会

（1）测井工应参加"班前会"，听取作业队长通报该井地面及井口情况、安全注意事项、施工可能存在的风险及应急措施、作业项目、施工作业方案（包括：下井顺序、下井次数、仪器串的结构、扶正器的位置等）。知晓本岗位职责、属地管理范围并接受作业队长安排的任务。

（2）由作业队长将测井工分为两组，一组负责钻台面上的工作，另一组负责地面工作。

（3）在钻井过程中有溢流情况或井内含有毒有害气体作业时，应将配备的正压式呼吸器在施工前组装完好，根据现场情况置于方便拿取的位置。一旦出现紧急情况，应立即正确佩戴，并按应急处置预案进行处置。

（三）设备卸车

（1）搬抬、摆放仪器前，应对搬抬所经路径和摆放场所进行清理。否则可能造成人员伤亡、设备损坏。

（2）确认车辆悬梯放置完好，上下车辆走悬梯要踩稳、踩牢。否则可能造成滑跌，引发人身伤害。

（3）测井工应在作业队长或操作工程师的指挥下将施工作业用的各种井下仪器、辅助设备及工具卸车并按以下原则摆放整齐：

① 将各种工器具、测井辅助设备从车上卸下后，放置在施工区域内安全和便于作业使用的地方，摆放整齐，并指定专人负责管理。严禁将使用后的工具、设备随地乱扔、乱放。

② 受场地限制，需要将设备摆放在套管上时，应先确认套管位置已固定。否则套管滚动可能造成人员受伤、设备受损及遗失。图3-1-2为套管上摆放仪器。

③ 搬抬井下仪器，必须两人及以上，人员站在仪器同一侧（同为左肩或右肩），多人协作搬抬仪器设备时，有专人指挥。

图 3-1-2　套管上摆放仪器

（四）设置警戒线

（1）施工车辆摆放完毕之后，仪器车驾驶员或测井工负责设置工作区域警戒线，范围应包括仪绞车、生活车，警戒线的两端应延伸到井架基座，线高约1m，警戒线区域呈长方形，并预留出口。施工作业警示牌放在仪绞车的正前方。图3-1-3为测井现场设置警戒线。

图 3-1-3　测井现场设置警戒线

安全提示：测井施工现场设置封闭式警戒线，是为了避免闲杂人员进入施工现场。否则，如果闲杂人员随意进入施工现场，可能造成人身伤害。

（2）应清理仪绞车后影响电缆运行或影响绞车工视线的障碍物，如果无法清理，则应采取有效措施。

（五）仪器、设备检查

测井工应辅助作业队长对下井仪器、井口设备等进行检查。

（1）检查仪器外壳与连接头是否松动、拧紧仪器上的固定螺丝、检查带推靠器的机械短节及穿销和润滑情况。

（2）对充有平衡油的仪器（如双侧向电极系、感应线圈系、声系、密度或倾角的机械推靠器等）检查是否有漏油或油量不足的情况，若有油量不足或漏油现象应报告作业队长。

（3）检查天地滑轮、T形棒、链条、仪器卡盘、座筒、各种穿销、U形环、仪器护帽及堵头连接环等设备的性能状况，确认一切安全可靠后方可使用，并填写"测井工岗位现场检查（隐患排查）表"。

（六）测前校验

（1）如果在地面进行仪器测前校验，测井工应按照作业队长要求在地面对需要测前校验的仪器进行连接，确认仪器连接无误后，通知操作工程师进行通电检查校验。

（2）拆卸仪器串时，应确保要提升的仪器组合长度不大于7m。各仪器短节应按井口组装顺序摆放整齐。

（七）扶正器、偏心器的安装

（1）测井工应按作业队长的要求，在井下仪器指定位置安装扶正器。

① 双侧向、感应、声波系列、地层倾角、电阻率成像、核磁共振、连斜井径仪器需要在井筒内居中测量，在一般情况下必须安装扶正器，当井眼尺寸大于304.8mm（12in）时须使用灯笼扶正器或弹簧扶正器。

② 双侧向仪器应避免在电极环上或电流密度较高的地方捆绑扶正器，感应仪器在线圈系上只能使用非金属扶正器。

③ 声波系列仪器应在声系的发射、接收换能器两端和中部无换能器的位置安装足够数量的适应井眼的扶正器。

④ 微电阻率成像测井仪测井时应加扶正器，严禁仅靠极板压力扶正仪器。

（2）间隙器（橡胶扶正器）的安装：

① 检查间隙器规格应与井眼尺寸相匹配，间隙器的橡胶片应完好、无老化等。

② 间隙器每4片橡胶片为一组，用双股铅丝沿扶正片小孔穿过，将4片

橡胶片串在一起（每片有3个小孔，因此需要3组双股铅丝）。图3-1-4为间隙器实物图。

③ 将4片为一组的间隙器在作业队长指定的位置进行捆绑，捆绑完成后，还需在间隙器两端分别捆绑一组双股铅丝。图3-1-5为间隙器捆绑实物图。

图3-1-4 间隙器实物图　　　图3-1-5 间隙器捆绑实物图

④ 仪器串中最上端的间隙器应距电缆头（马笼头）顶端1.5m以上。以保证一旦仪器遇卡，进行穿心打捞作业时，仪器能够顺利进入打捞筒。图3-1-6为间隙器安装实物图。

图3-1-6 间隙器安装实物图

注意：若仪器必须在井口安装间隙器，必须封严井口，防止工具和设备落井。

（3）灯笼扶正器的安装：

① 测井工应仔细检查扶正器的弹簧片磨损情况，销钉是否到位、牢靠，或锈蚀。

② 安装在仪器外壳上的灯笼扶正器，扶正器的两个固定环应安装在扶正

器两端的内侧，根据不同井眼尺寸，调节两个固定环之间的距离，确定灯笼扶正器合适的最大外径。固定环螺丝应齐全、完好、紧固。图 3-1-7 为灯笼扶正器实物图。

③灯笼扶正器安装应在地面进行。

图 3-1-7　灯笼扶正器实物图

（4）补偿中子仪器在直径大于 215.9mm（8.5in）的井眼中进行测井时，应在补偿中子仪器上部自然伽马仪器上安装偏心器，偏心器推靠方向与下部密度探头贴井壁方向一致，以保证仪器与井壁贴靠良好，从而保证补偿中子测井质量。

（5）当钻井液电阻率小于 $0.02\Omega \cdot m$ 时，核磁共振测井仪器探头应安装钻井液排除器，固定螺丝应全部拧紧。

四、测井辅助设备安装

（一）测井辅助设备的吊装

（1）测井工应将测井辅助设备搬运至钻台坡道的下端，用钢丝绳将测井辅助设备分批捆绑，并确认安全可靠。图 3-1-8 为测井辅助设备放置在坡道上。

（2）负责钻台安装作业的测井工，在上下钻井平台的梯子过程中，

图 3-1-8　测井辅助设备放置在坡道上

应根据梯子警示标志（图 3-1-9），扶稳栏杆，防止滑跌。不得携带重物。图 3-1-10 为上梯子姿势。

图 3-1-9　梯子警示标志　　　　图 3-1-10　上梯子姿势

（3）在钻台上作业之前，钻台人员应做好防跌落措施。

（4）如果井筒中可能含气，作业前，钻台人员应将气体检测仪电源开关置于开位，显示正常后，将检测仪放置在腰部以下，及时关注井场有毒气体监测情况，及时汇报，一旦收到撤离指令或听到撤离警报，及时撤离现场至安全地带。如果撤离不及时会导致人员中毒，造成人员伤亡。

（5）将井控专用液压断缆钳、悬挂器（T形卡）放在井口附近易于拿取的位置。一旦发生溢流或井涌，可以迅速采取措施，保证钻井人员及时关井。否则延误关井，可能造成井喷失控。

（6）吊升测井辅助设备前，应将被吊设备与吊钩扣牢。否则可能在吊升过程中发生散落，导致人员伤亡、设备损坏。

（7）吊装测井辅助设备时，钻台上要有专人指挥井队人员用气动锚头绳将设备分批提升至钻台面上。吊升过程中，地面人员远离坡道下方，禁止从坡道下方通过。否则会造成人员伤亡、设备损坏。

按规程吊装仪器设备，严禁在悬挂的重物下工作、站立、通过。

（8）测井作业队人员严禁动用钻井设备（气葫芦、大钩等），需要使用时与井队人员协调，由井队人员操作使用。否则，可能引发人员伤害、设备损坏。

（9）设备吊升至钻台面时，钻台人员应扶稳设备，防止碰撞伤人。

（二）井口连线

（1）井口人员将张力线、通信线、磁性记号线和视频线牵引到钻台面上，同时将张力计、通讯喇叭、视频监控摄像头等搬运到钻台上。将视频线与视频监控摄像头连接，通知绞车工测试视频监控系统，确认工作正常可靠。

（2）作业现场的视频监控应严格遵守《中国石油集团测井有限公司安全生产监控管理办法》（安全〔2022〕2号）第十四条 施工作业现场视频监控内容要求：

① 视频监控应覆盖重要区域和重点作业活动。

② 视频监控现场标准化执行情况。

③ 作业过程中的违章行为。

④ 对于吊装、动火、高空等高危作业施工现场可采取移动摄像头监控。

（3）将通信线与通讯喇叭连接，通知绞车工测试通信系统，确认工作正常可靠。

（三）电缆摆放

（1）绞车工释放出适当长度的电缆（图3-1-11），测井工将放出的电缆呈"∞"字形堆放，然后翻转"∞"字形电缆堆，将电缆头一端的电缆置于电缆堆的上部（图3-1-12）。

图3-1-11 摆放电缆　　图3-1-12 "∞"字形摆放电缆

注意：绞车下放电缆时应有人拉紧滚筒上的电缆，防止绞车滚筒上的电缆松弛！

（2）井口专人指挥井队人员用气动锚头绳将电缆头（马笼头）提升到钻台，在提升过程中，滑道上应有人扶送电缆，防止电缆被卡住而受损。

（四）T形铁、张力计、天滑轮的安装

（1）指定专人指挥司钻上提或下放游车，井口人员检查钻井队吊卡安全状况，检查吊卡的锁销装置确保安全可靠，吊卡开口背对测井车辆。

（2）井口人员将T形铁固定在吊卡内并确认锁好，环绕吊环和T形棒加装双保险安全链条（或索具），用U形环固定，连接穿销插入后应用止退销将其锁住。提示并确认井队将井口转盘和游动滑车锁死。图3-1-13为T形棒双保险安全链条实物图。

（3）井口安装作业应严格遵守测井公司安全红线："严禁未采用'双保险'和防跌落措施进行井口安装作业"。

图3-1-13　T形棒双保险安全链条实物图

（4）将T形棒下端与张力计上端连接并插上穿销，在穿销上再插上止退销并确认安全可靠；再将张力计下端与天滑轮上部连接并插上穿销，再插上止退销，并确认安全可靠。图3-1-14为T形棒穿销及止退销实物图。

图3-1-14　T形棒穿销及止退销实物图

严禁在井口转盘上放置除具有井口封盖功能的物品或工具等。

（5）井口专人指挥司钻缓慢上提游车，使天滑轮刚好离开钻台面处于悬挂状态。在T形棒上安装张力线横支杆（图3-1-15）。将张力线与张力计连

接，通知绞车工测试张力系统，确认工作正常可靠；张力线应固定在横支杆上（图 3-1-16），固定应安全可靠，确保天滑轮转动时避免滑轮或电缆缠绕张力线。

图 3-1-15　安装张力线横支杆　　　图 3-1-16　固定张力线

（6）安全提示：如果天滑轮、张力计、T形棒固定不牢，会造成高空落物，造成人身伤害。

（五）地滑轮链条的安装

（1）地滑轮链条应固定在钻台大梁上或安全可靠、能承受 15t 以上拉力的地方（大梁或钻台下面封井器上）。图 3-1-17 为地滑轮链条实物图。

（2）如果大梁两侧钻台面上有足够可放入链条的空隙或孔洞，推荐将地滑轮链条固定在钻台大梁上，安装要求如下：

① 将链条的一端用气动锚头绳吊住，另一端从大梁一侧钻台面的空隙或孔洞放入，放入的长度足够绕过大梁。

② 用井队的长铁钩（锁游车用的）从大梁另一侧钻台面的空隙或孔洞放入，钩住链条后将其拉上钻台面，应与链条另一端打结，并用U形环锁住。

图 3-1-17　地滑轮链条实物图

（3）如果大梁两侧钻台面上无放入链条的空隙或孔洞，可将地滑轮链条固定在封井器上。

① 将链条的一端用气动锚头绳吊住，另一端从钻台面的鼠洞放入，放入的长度足够到达封井器下端。图 3-1-18 为从鼠洞放入链条。

② 将链条的一端紧绕封井器突出部下端并打结，用 U 形环固定。图 3-1-19 为链条固定到封井器上。

图 3-1-18　从鼠洞放入链条　　图 3-1-19　链条固定到封井器上

③ 如果链条长度不足，需经作业队长请示主管领导经批准后，使用强度不小于 20t 的专用钢丝绳套紧绕封井器突出部位下端，将链条一端穿过钢丝绳套并打结，用 U 形环固定。

（4）安全提示：在安装链条时，要用力向上拉紧，防止钻台下面留有过多的链条，否则链条一旦受力，就会使地滑轮弹跳而可能引发事故。另外也会使测量深度发生变化，影响测井质量。

（六）地滑轮安装

（1）将地滑轮安装在支撑架上，支撑架两端插上止退销。图 3-1-20 为地滑轮实物图。

（2）将地滑轮与链条连接插上穿销，再插上止退销（图 3-1-21）。地滑轮受电缆张力后上升的高度要适当，底部离钻台面一般在 0.5~1m（图 3-1-22）。

图 3-1-20 地滑轮实物图

图 3-1-21 地滑轮与铁链连接实物图 　　图 3-1-22 地滑轮高度实物图

（七）电缆头穿过天、地滑轮

（1）用气动锚头绳提升地滑轮尾部，使地滑轮处于倒置的悬挂状态，将电缆头（马笼头）顺电缆穿过天、地滑轮，然后下放锚头绳使地滑轮放置在钻台面上（图 3-1-23）。

（2）电缆头在穿过天滑轮之后，应放置于钻台上，再拉 10m 左右电缆并在钻台上盘放整齐，然后一人将电缆拉紧保持电缆稳定。

（八）上提天滑轮

（1）打开天滑轮上挡线架呈水平状态，由井口专人指挥司钻缓慢上提天滑轮，在提升过程中，钻台上应有专人护送张力线和电缆，起下游车时，游车正下方严禁站人。

（2）钻台下有专人护送电缆，发现电缆绕人员及设备或打结，应及时告知

图 3-1-23　电缆盘放在钻台上

司钻停车。绞车工准备随时放松电缆。天滑轮高度应在张力线长度足够并且不影响绞车工视线的情况下，应与井架二层平台平齐，一般情况下不应低于 20m。

（3）观察电缆在天滑轮运行情况，一旦发现电缆跳槽，及时告知司钻停车。否则，如果电缆跳槽不及时停车可能切断电缆，造成高空落物，导致人员伤害。

（4）钻井游动滑车提升天滑轮到指定位置后，应确认司钻已将游车刹把刹死并挂紧链条。如果刹把未刹紧或未挂牢链条，会造成天车下落，导致人员伤亡。

（5）井口安装完成后，等待作业队长对测井现场的各连线、地滑轮及链条的固定情况、天地滑轮高度、鱼雷接头等进行巡回检查，确认安全可靠后，将电缆头（马笼头）从钻台上沿坡道下放，准备连接仪器下井。

五、井下仪器连接

（一）地面人员

（1）井下仪器串总长不超过 7m 时，仪器可直接在地面滑道上进行连接，用绞车使仪器串提升至井口下井。电缆头（马笼头）与仪器串用 U 形环连接，不应直接将电缆头（马笼头）与仪器连接，以防在提升仪器时，损坏电缆头

（马笼头）处的电缆。

（2）需要在井口组装的仪器，排列在滑道上，仪器上部朝向井口、下部朝向绞车，地面人员检查所有的仪器护帽、堵头已拧紧。检查仪器护帽和堵头的连接环，确保安全可靠。

（3）地面人员在电缆头上安装"电缆头弱点防断保护器"（图3-1-24），上全、上紧顶丝，并旋转电缆防跳挡环，确保电缆不会跳出"电缆头弱点防断保护器"。

图3-1-24　电缆头弱点防断保护器

安全提示：当在井口连接或拆卸井下仪器时，一旦发生刮卡，绞车张力会瞬间增大，可能拉断弱点，造成人员伤亡、仪器落井、仪器设备损坏等事故。所以安装"电缆头弱点防断保护器"可以有效避免以上事故的发生。

（4）电缆头（马笼头）与井下仪器之间应采用U形环连接，并确认拧紧锁牢。应按仪器串从底部到顶部的顺序提升，一次只提升一支井下仪器。在仪器底部堵头套上仪器拉绳，钻台人员指挥绞车工缓慢上提电缆。图3-1-25为用仪器拉绳拉住仪器。

图3-1-25　用仪器拉绳拉住仪器

（5）电缆头（马笼头）开始受力上升时，地面人员应拉紧仪器拉绳，使仪器尽可能缓慢靠近坡道，避免撞击坡道损坏仪器，同时有人移开手推车确保仪器运动区域通畅。

（6）地面人员用仪器拉绳护送仪器串底部离开滑道后，应站在远离坡道的安全位置继续拉紧仪器拉绳护送仪器上升至钻台面。

（二）钻台人员

（1）当井下仪器底部完全离开坡道，高于钻台面约 1m 时，钻台人员指挥绞车工停车，地面人员拉紧仪器拉绳稳住仪器。钻台人员站在安全位置，指挥地面人员缓慢释放仪器拉绳，同时护送仪器并保持仪器平稳移向井口。

（2）井口连接仪器时，保持通信畅通，手势统一。指挥手势为：手向上指并在水平面画圈为上提，手向下指并小幅度上下摆臂为下放，手臂平甩为停车，手式见图 3-1-26、图 3-1-27、图 3-1-28。

图 3-1-26 指挥"上提"

图 3-1-27 指挥"下放"　　图 3-1-28 指挥"停车"

（3）仪器到达井口后，钻台人员应确认电缆与张力线没有缠绕，然后拆除仪器拉绳，指挥绞车工下放电缆将仪器串入井。

（4）安全提示：

① 井口安装核磁探头时，核磁探头应与钻具保持一定距离，防止核磁探

头与钻具吸附夹伤人员。

② 在地面人员护送仪器至井口过程中,地面人员应拉紧仪器拉绳,防止仪器猛烈撞向井口。

③ 钻台人员应提醒绞车工不能猛提猛放电缆,防止人员受伤或仪器损坏。钻台人员应注意自身安全,防止跌倒、被仪器撞击。

④ 电缆运行期间,严禁跨越电缆。运行中的电缆一旦绷紧,会导致跨越电缆的人员伤亡。

⑤ 工作期间,严禁接触运转中的绞车滚筒、电缆、马丁代克、绞车链条。否则,可能导致机械伤害发生,造成人员伤亡。

(三)井下仪器连接

(1)移开井口盖板,钻台人员扶稳井下仪器,指挥绞车工缓慢下放电缆,使井下仪器平稳进入井中,用仪器卡盘卡住仪器放置于座筒上(图3-1-29)。

图3-1-29 用卡盘卡住仪器放置于座筒上

(2)拆卸U形环,使电缆头(马笼头)与井下仪器分离,用同样的方式提升第二支仪器到井口。拆卸仪器护帽。将公母仪器护帽连接在一起(避免钻井液污染内部螺纹),放置于钻台上安全位置并摆放整齐。

(3)钻台人员检查仪器密封圈应完好,检查井下仪器的下端插针应无断裂、弯曲或回缩,仪器上端插座应完好,C形卡簧应完好,若发现问题应及时更换。

(4)使上部仪器键与下部的键槽对准,指挥绞车缓慢下放仪器直到键与键槽完全对接到位(图3-1-30),绞车工下放电缆时要听从钻台人员指挥。

图 3-1-30　上部仪器键与下部的键槽对接到位

（5）钻台人员用钩头扳手旋转仪器螺纹直到仪器连接到位，并适当进行紧固（图 3-1-31）。指挥绞车工上提仪器拆卸卡盘，再下放仪器。应扶稳仪器保证仪器顺利入井，当仪器上部接近座筒时，通知绞车工停车，用仪器卡盘卡住仪器，缓慢下放仪器，使卡盘放置于座筒上。

图 3-1-31　用钩头扳手旋紧仪器螺纹到位

（6）重复上述（2）～（5）步骤完成井口剩余仪器连接。最后连接电缆头（马笼头）和仪器。

安全提示：

① 在拆卸U形环过程中，应手持U形环外侧，小心手指被挤伤（图3-1-32）。

② 井口人员在对接键槽下放仪器时，防止仪器压伤手指（图3-1-33）。

③ 井口人员在放置组装卡盘时，防止卡盘压伤手指（图3-1-34）。

图3-1-32 拆卸U形环

图3-1-33 防止仪器压伤手指

图3-1-34 防止卡盘压伤手指

④ 敲击勾头扳手紧固连接井下仪器前，确认无关人员站到安全位置后再进行敲击。

⑤ 人员在钻台上时禁止依附钻台护栏。否则可能造成高空坠落。

⑥ 在井口组装仪器串时，应封住井口，防止工具或其他物件落井。

⑦ 仪器组装过程中，井口人员严禁用手触摸地滑轮转动部分和附近的电缆，防止夹伤手指。严禁人员跨越电缆。

（四）仪器串的通电检查及测前校验

确认电缆头（马笼头）和仪器连接好后，钻台人员通知操作工程师给仪器供电、检查并做测前校验。

安全提示： 在井口进行测前校验，要盖好井口，防止刻度器或工具落井。

（1）有井下张力仪器一般先进行张力刻度。

① 用仪器组装卡盘卡住辅助测量短节下部位置，放置于仪器座筒上，使

张力传感器其处于不受力状态,进行张力低值刻度。

② 提升仪器串,取下仪器卡盘,使辅助测量短节的张力传感器处于受力状态,进行张力高值刻度。

(2)放射性测前校验:

注意:放射源罐应距离仪器至少 20m 以上,以免放射源对仪器计数产生影响。

① 本底测量时,绞车上提仪器,使仪器串最下部放射性探头位置距钻台面 1m 以上。

② 高值测量时,刻度器需准确安装在指定位置并防止刻度器滑落,绞车上提仪器,其高度与本底测量时一致,然后执行刻度操作。

(3)井径校验:

① 钻台人员手持井径小环对准推靠臂刻度位置,通知操作工程师开臂,进行小环校验。完成校验后,操作工程师应先通知钻台人员,待钻台人员准备好后再收臂。

② 钻台人员手持井径大环对准推靠臂刻度位置,通知操作工程师开臂,进行大环校验。完成校验后,操作工程师应先通知钻台人员,待钻台人员准备好后再收臂。

③ 安全提示:

密度、微球推靠器开臂前,应让井径环紧贴极板面,双手持井径环外侧,防止开臂时压伤手指。

钻台人员在接到操作工程师收臂指令时,应握紧井径环,防止井径环滑落砸伤脚或落井。

(4)声波测井仪器下井前应在井口检查仪器发射、接收部分是否工作正常。钻台人员听发射器声音是否正常,用工具在接收器部位擦刮,操作工程师观察是否有波形响应。

(5)完成测前校验后,钻台人员应拆卸"电缆头弱点防断保护器",注意拆卸时要离开井口防止落井。

(五)仪器深度对零

(1)井下仪器深度对零有两种方式:仪器底部对零和上部对零。

(2)当仪器串底部与钻台面对齐或电缆头高度低于天滑轮高度 3m 以上

时，可采用底部对零方式（或上部对零）。仪器串到达上述位置时，通知操作工程师和绞车工进行仪器底部对零。

安全提示：仪器底部对零时，钻台人员应密切关注电缆头（马笼头）与天滑轮之间的距离，随时提醒绞车工停车。

（3）当无法满足上述条件时，则必须采用上部对零方式。电缆头（马笼头）上部对齐钻台面时，通知操作工程师和绞车工进行仪器上部对零，对零深度为仪器串的总长度。

（4）深度对零完成后，钻台人员等待作业队长发出装源指令或仪器下井指令。

六、放射源的安装和拆卸

放射源的安装和拆卸应执行 CJSOP/GS 19—2019《中国石油集团测井有限公司测井放射源井口装卸操作规程》，要求如下：

（一）装源准备

（1）放射源操作人员应取得放射性工作人员证或辐射工作安全防护培训合格证，且经过所属单位的装卸源专项考核或评估合格后方能上岗。

（2）放射源作业现场应设立放射性安全警戒区、设置"当心电离辐射"警示标志，应对作业现场进行本底检测和记录。

（3）检查和维护放射源装卸工具、防落源卡盘及防落源布、辐射防护用品、井下仪器源仓。检查视频监控系统、井口通信设备、放射源监测仪等完好有效。

（4）放射源操作人员正确穿戴防护用品，佩戴个人剂量计。检查放射源检测仪完好有效。

（5）安装放射源前，应通知井场内无关人员撤离至装源处 20m 外的安全区域内，作业队长或兼职 HSE 监理确认无关人员全部撤离至安全区域，并防止无关人员进入。夜间保证充足的照明且有防断电措施。

（6）作业队相关人员从临时存放处提取放射源罐。两个源罐应在分开 5m 以上距离后，放射源操作人员用放射源检测仪对放射源罐逐一检测。

（7）作业队相关人员配合将源罐安全吊至钻台。

（8）将摄像头调至井口处，作业队长确认井口摄像头能够完整地记录安装放射源的每一个过程和细节。视频异常的情况下应进行录像并留存相关资料。

（9）将源罐、清洗水桶清洁布、润滑油等辅助工具和用品移至井台合适的区域。

（10）封堵源罐至井口区域的缝、洞。作业队长或兼职HSE监理对井口安装放射源准备工作情况进行确认、检查；经验收合格后，将源罐锁钥匙交于放射源操作人员，许可放射源操作人员进行作业。

（11）放射源操作人员和协助人员配合就位，装源过程应有专人全程监督。

（12）装源人员指挥绞车工将放射性仪器源仓停留在合适的装源高度（高度根据源取出方向确定：如果源是水平取出，推荐源仓高度与操作者胸部平齐；如果源是斜上方取出，推荐源仓高度与大腿位置平齐；如果源是斜下方取出，推荐源仓高度与头部平齐）。绞车应有防止下滑措施。

（13）安全提示：若仪器串中要装卸2颗源，则按照"先下后上"的顺序装源。装源时要确保通信畅通，绞车操作人员必须得到井口指令后方能进行操作。

（14）卡好防落源卡盘，确保卡盘U形口盖板关闭，U形口与仪器源仓夹角应大于90°。使用防落源布将井口周围盖好，开口应与源仓和卡盘U形口夹角大于90°。

（15）《中国石油集团测井有限公司测井作业队上井注意事项》（测井安全〔2020〕52号）："装源人员确保井口盖严实后正确装卸放射源。专人全程监控。"

（16）打开井下仪器源仓并清洁源室、螺丝孔、源螺丝。

（二）放射源安装

1. 密度源安装

（1）旋转打开锁紧环，从保护管中露出抓取头（图3-1-35）。

（2）打开源罐锁，抽出源罐堵头。将工具插入源罐对准密度源螺纹孔，顺时针旋转T形手柄（2~3圈）至指示灯亮起，继续旋转至完全拧紧（图3-1-36）。

图 3-1-35　露出抓取头

图 3-1-36　拧紧密度源

（3）提起工具把密度源取出，将密度源快速准确地插入密度测井仪器源室（图 3-1-37）。

图 3-1-37　将密度源装入源室

（4）逆时针旋转 T 形手柄（3~4 圈）向前推动锁紧环，使工具与源脱离，确保密度源装入源室，不被带出（图 3-1-38）。

（5）将密度源螺丝（长螺丝）固定在抓取头上，插入密度源螺纹孔，顺时针旋转 T 形手柄，直至螺丝上紧（图 3-1-39）。

图 3-1-38　使工具与源脱离

图 3-1-39　上紧长螺丝

（6）将密度源压盖螺丝（短螺丝）固定在抓取头上，插入压盖螺纹孔中，顺时针旋转 T 形手柄，直至螺丝上紧，装源完毕（图 3-1-40）。

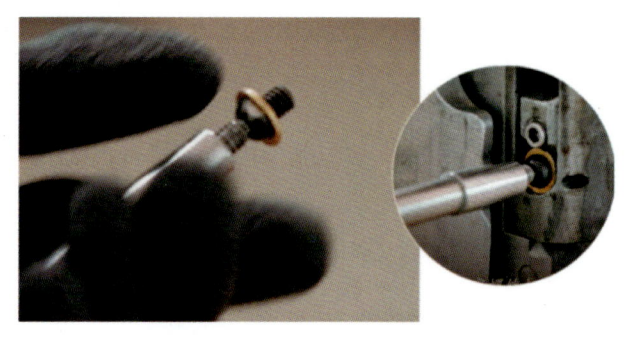

图 3-1-40　上紧短螺丝

（7）确认密度源安装到位后，打开防落源布，移开防落源卡盘，指挥绞车工下放仪器，将补偿中子仪器源仓停留在合适的装源高度。

2. 中子源安装

（1）按图 3-1-41 的操作方式，使用中子源源室螺丝装卸工具进行中子源室螺丝拆卸和源室支撑。

1.工具挂钩开口向上，支撑杆在仪器的右侧

2.将工具的挂钩插入挂扣中，确保完全进入

3.将工具向上平抬，使挂钩挂在挂扣的上梁

4.拉开源室，此时挂钩的弹簧片自动复位，可防止挂钩掉落

5.继续拉开源室到合适位置，扭动工具，使前端支撑杆插入仪器源室腔中，支撑角度有两个挡位可选

6.逆时针旋拧工具的外套，使工具主体与支撑件分离，完成支撑

此过程可进行逆操作：1.工具插入支撑件；2.顺时针旋拧工具外套进行组合；3.拉动源室使支撑杆从源室腔中脱离；4.放下源室并下压工具完成挂钩与挂扣分离

图 3-1-41　安装源室支撑杆

（2）将工具插入源罐，套在中子源顶部（图 3-1-42）。

图 3-1-42　套住中子源

（3）逆时针旋转手柄至前、后指示灯亮起提示中子源已与内轴锁定（图 3-1-43）。

图 3-1-43　锁定中子源

（4）逆时针旋转手柄（3～4 圈），工具会发出连续"哒哒……"声，继续旋转直至中子源与源罐完全脱离（图 3-1-44）。

图 3-1-44　中子源与源罐脱离

（5）提起工具将中子源从源罐中取出，插入中子测井仪器源室中（图 3-1-45）。

（6）顺时针旋转手柄（3～4 圈），至前、后指示灯熄灭，继续顺时针旋转手柄，直至中子源完全固定在源室内（图 3-1-46）。

（7）取下工具，更换专用螺丝工具上紧源室螺丝，装源完毕（图 3-1-47）。

图 3-1-45　中子源装入仪器源室

图 3-1-46　中子源固定在仪器源室内

（8）确认中子源安装到位后，装源人员打开防落源布，移开防落源卡盘，指挥绞车工下放仪器入井。

3. 收尾工作

（1）清洁、收好装源工具、防落源卡盘、防落源布等。

（2）应对作业现场进行本底检测和记录，确认是否存在放射性泄漏。

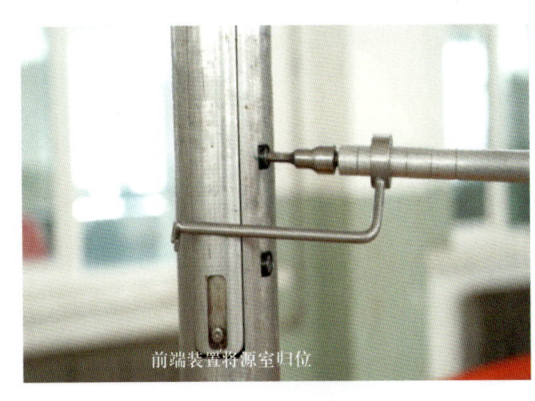

图 3-1-47　上紧源室螺丝

（3）将源罐移至钻台合适的区域，清理源罐内仓，加入少量润滑油或防冻机油，锁好源罐，用遮盖物盖好罐顶，防止钻井液、水等流入罐内。

4. 安全提示

（1）应使用专用装源工具从源罐中取出测井源，严禁身体直接接触测井源。

（2）从源罐中取源时，必须将源杆螺丝与放射源连接紧固到位，方可提出源罐。否则可能导致放射源脱落，造成辐射伤害或落井，造成环境污染及重大社会影响。

（3）在安装放射源时，不得徒手接触放射源。身体与源之间应尽量保持最大距离、尽量缩短装源时间。

（4）源罐至井口区域内必须严密遮盖，防止放射源坠落。

（5）所有放射性作业人员均应佩戴辐射剂量计。否则无法准确监控受照剂量。

（三）拆源准备

（1）仪器上提至距井口300m时，卸源人员上钻台做好卸源准备，卸源人员穿戴好防护用品，佩戴个人剂量计。

（2）将源罐、清洗水桶等移至钻台合适的区域。打开源罐锁，抽出源罐堵头。

（3）封堵源罐至井口区域的缝、洞。

（4）通知井场内无关人员撤离至卸源处20m外的安全区域内，夜间保证足够的照明且有防断电措施。

（5）仪器串中需拆卸两枚放射源的，按"先上后下"的顺序卸源。

（6）放射源操作人员和协助人员配合就位，卸源过程应有专人全程监督。

（7）电缆头起出井口时，卸源人员指挥绞车慢速上提并用水冲洗仪器，待源仓至适合卸源高度（高度调节原则与装源操作相同），指挥绞车工停车，绞车应有防止下滑措施。

（8）卡好防落源卡盘，确保卡盘U形口盖板关闭，U形口与仪器源仓夹角应大于90°。使用防落源布将井口周围盖好，开口应与源仓和卡盘U形口夹角大于90°。

（四）放射源拆卸

1. 中子源拆卸

（1）使用中子源源室螺丝装卸工具进行中子源室螺丝拆卸和源室支撑。

（2）将工具插入中子仪器源室，抓取头套在中子源顶部。

（3）逆时针旋转手柄至前、后指示灯亮起，提示中子源已与内轴锁定。

（4）逆时针旋转手柄（3~4圈），装源工具会发出连续"哒哒……"声，继续逆时针旋转，直至中子源与源室完全脱离。

（5）取下中子源，快速清洁中子源后插入中子源罐内。

（6）顺时针旋转手柄（3~4圈），指示灯熄灭，继续顺时针旋转手柄，直至中子源完全固定在源罐内。

（7）取出工具，插入源罐堵头并上锁。

（8）使用中子源源室螺丝装卸工具合并源室闭，固定中子源室螺丝。

（9）打开防落源布，移开防落源卡盘，指挥绞车工上提仪器，将密度仪器源仓停留在合适的装源高度。

2. 密度源拆卸

（1）将抓取头对准密度源螺丝（长螺丝），逆时针旋转T形手柄，直至螺丝拧下，从抓取头上取下密度源螺丝。

（2）将抓取头对准压盖螺丝（短螺丝），逆时针旋转T形手柄，直至螺丝拧下，从抓取头上取下压盖螺丝。

（3）将抓取头插入密度源螺纹孔，顺时针旋转T形手柄（2~3圈）至指示灯亮起，继续旋转至完全拧紧。

（4）将密度源从仪器上取出，快速清洁密度源后插入密度源罐。

（5）逆时针旋转T形手柄（3~4圈），推动锁紧环，将源与工具分离，确保密度源装入密度源罐，不被带出。插入源罐堵头并上锁。

3. 收尾工作

（1）作业队相关人员配合将放射源罐安全吊至钻台下。

（2）两个源罐应在分开5m以上距离后，放射源操作人员用检测仪对放射源罐逐一检测，作业队长或兼职HSE监理用检测仪对放射源罐逐一验证。

（3）将源罐移至放射源临时存放点并进行检测、记录、上锁、确认。

（4）清洁归位装源工具、防落源卡盘、防落源布、辐射防护服、防护眼镜等相关物品。

（5）装源人员将源罐锁钥匙交还作业队长。

七、测井作业

（一）《中国石油集团测井有限公司安全红线》

"严禁接触运行的电缆和运行设备的运动部件。"

（二）《中国石油集团测井有限公司测井作业队上井注意事项》

"不能触摸或跨越运动中的滑轮、马丁代克、滚筒和电缆。绞车运行时，严禁人员进入滚筒室和绞车后站人、严禁电缆下方站人或穿行。

不在清水池、泥浆池、沟边逗留，不私自动用相关方设备、工具。

井口工实时监测并记录 H$_2$S 及 CO 气体浓度值，发现异常及时报告作业队长。"

（三）钻台人员

（1）仪器串入井后，钻台人员应整理仪器护帽、仪器座筒、U 形环、钩头扳手等设备及工具，放置于钻台安全位置并摆放整齐（图 3-1-48）。

图 3-1-48　工具放置于钻台安全位置并摆放整齐

（2）如果需要记录磁性记号，钻台人员应将磁性记号探测器在井口安装好，接上信号线，通知操作工程师测试磁性记号，确保磁性记号探测器工作正常可靠。

（3）井下仪器下放至距井底约 100m 时，钻台人员安装刮泥器，检查确认安装牢靠后打开压缩空气阀门，待仪器上提时应检查确认刮泥器能够刮净电缆。安装报警装置，并测试报警正常。

电缆刚开始下放时不应放置刮泥器。因为一旦刮泥器使电缆跳丝，不易发现，可能会引发工程事故。

（4）钻台人员密切注意电缆运行情况，发现电缆跳槽或刮泥器粘连及时告知绞车工停车后再进行处理。如果处理不及时，会导致电缆被切断。

（四）地面人员

（1）地面人员负责整理工器具、仪器护帽、辅助设备等并摆放整齐，准备下次下井作业所需的井下仪器，按作业队长的要求连接仪器，做好地面准备工作。

（2）电缆在井内运行时，应提示相关方绞车后严禁站人。因为电缆上提过程中遇卡时可能导致绞车后移，绞车后站人会造成伤亡。

（3）在处理遇卡事故上提电缆时，应撤离到值班房或车内等安全区域，并提示钻井人员撤离。应远离电缆，一旦电缆拉断，可能会造成人员伤害。

（4）应及时回收施工期间产生的垃圾。

八、井下仪器拆卸

（一）准备工作

（1）仪器上提距井口 50m 卸下刮泥器，拆除报警器装置。

（2）仪器从井口提出时，钻台人员用卡盘卡牢仪器，给电缆头、马笼头、鱼雷注满硅脂。

（3）钻台人员在电缆头上安装"电缆头弱点防断保护器"，上全、上紧顶丝，并旋转电缆防跳挡环，确保电缆不会跳出"电缆头弱点防断保护器"。

（4）仪器完成井口测后核实（与测前核实要求相同，不再赘述），如果条件允许，应按仪器自上而下的顺序仔细清洗每支仪器短节，重点清洗机械推靠部分、声系、平衡活塞等部位。

（二）整串拆除

仪器串总长不超过 7m 时，可直接将仪器串整体从钻台面下放至地面。

（1）拆下电缆头（马笼头），用 U 形环与仪器串连接。在仪器串最下面的短节底部捆绑仪器拉绳（图 3-1-49）。

图 3-1-49　用拉绳绑住仪器

（2）钻台专人负责协调指挥绞车工、地面人员配合。

（3）钻台人员护送仪器并保持仪器稳定，地面人员紧拉仪器拉绳，将仪器拉至钻台边坡道上方，将仪器沿坡道缓慢下放。

（4）仪器短节底部接触滑道时，地面人员将仪器串拉至滑道上，同时将小推车放置于仪器串重心位置（图3-1-50）。

图 3-1-50　拉紧拉绳平稳放置仪器

（5）将整个仪器串平稳放在仪器架上，用专用工具逐节拆卸。

（三）逐支拆除

仪器串总长超过 7m 时，严禁整体下放仪器串至地面，井口人员应按以下要求在井口拆卸仪器串。

（1）在井口拆卸仪器过程中应严密封住井口，防止工具或其他物件落入井中。

（2）在拆卸仪器串之前，应仔细检查仪器护帽和堵头的连接环、U形环，确保安全可靠，然后按仪器串自上而下的顺序拆卸仪器短节，一次只拆卸一支井下仪器。

（3）用组装卡盘卡住电缆头（马笼头）与仪器串连接处，放置于组装座筒上并封严井口，拆卸电缆头（马笼头）下端连接螺纹。井口人员指挥绞车上提电缆使电缆头（马笼头）与仪器串分离，清洁电缆头及仪器串连接螺纹，戴上专用堵头和护帽并拧紧。

注意：如果测井过程中使用的是马笼头，则应先将马笼头更换为电缆头，然后执行下一步井口仪器串拆卸程序。

（4）用U形环将电缆头与仪器串连接，指挥绞车上提电缆，拆掉卡盘。

（5）待仪器串拆卸位置出井口时，钻台人员指挥绞车停车。用仪器卡盘卡住仪器，指挥绞车下放电缆将卡盘放置于座筒上。

（6）拆卸仪器螺纹，指挥绞车上提电缆使上部仪器与下部仪器串分离。

注意：上部仪器滴落的钻井液或水应避免进入下部仪器插座中，以免造成仪器故障。

（7）用干净毛巾或棉纱清洁上、下接头螺纹，戴上护帽和堵头并拧紧。在上部仪器的底部捆绑仪器拉绳。

（8）钻台人员护送仪器并保持仪器稳定，地面人员拉紧仪器拉绳，将仪器拉至钻台边坡道上方，钻台人员指挥绞车工缓慢下放电缆，将仪器沿坡道缓慢下放。将仪器平稳下放至滑道上。

（9）地面人员拆除电缆头与仪器间的U形环，拆除捆绑仪器拉绳，并将仪器拉绳捆绑至电缆头护帽上，指挥绞车工上提电缆，将电缆头提升至井口。

（10）重复步骤（4）至步骤（9），逐支拆除剩余所有仪器。

（11）安全提示：

① 钻台人员护送仪器人员应小心，防滑跌、坠落等。

② 使用仪器拉绳前应检查是否结实，捆绑应牢固可靠，防止仪器拉绳滑脱或断裂造成仪器撞击伤人或仪器损坏。

③ 需带保护筒的仪器，在井口戴上保护筒后才能下放到地面。

④ 拆卸仪器时应检查仪器是否完好，如有损伤报告作业队长。

⑤ 绞车工起下电缆应平稳，严禁在未听清楚指令或未看清楚手势的情况下随意起下电缆。

⑥ 如果有需要在地面进行测后核实的仪器，应按作业队长要求在地面连接仪器进行测后核实。

九、辅助设备拆卸

（一）准备工作

（1）拆卸井口设备之前，小队长应联系井队人员协助测井小队拆卸井口设备，并检查钻台面及井口是否安全，钻台人员应封盖井口，防止工具或其他物件落入井中。清除钻台面上妨碍作业的障碍物，提请井队人员检查钻台上的吊升设备是否完好。

（2）钻台人员指挥绞车工将电缆头（马笼头）提升至钻台面，然后下放电缆8～10m，并将电缆整齐盘放在钻台面上。

(二)T形棒、张力计、天滑轮的拆卸

(1)钻台专人指挥司钻缓慢下放游车,在下放过程中,绞车工应控制绞车回收电缆,同时钻台应有专人扶持电缆头(马笼头)端的电缆使其保持稳定。通过井口通信设备控制绞车工电缆回收速度与游车下放速度大致相同。

(2)在游车下放过程中,应有专人回收张力线,并将张力线整齐盘放在钻台面上的安全位置。

(3)当游车下放到天滑轮离井口0.5m左右的位置时,应指挥司钻停止下放,刹住刹把。钻台人员从张力计上取下张力线插头,给张力计插座、张力线插头戴上护帽,注意防水、防潮。从横支杆上取下张力线,再从T形棒上取下横支杆。

(4)将电缆从天、地滑轮上卸下,拉住电缆,将电缆头(马笼头)沿坡道缓慢下放至滑道上。指挥绞车工缓慢收回电缆,钻台人员和地面人员应保证电缆安全,如有刮卡及时通知绞车工停车。

(5)扶住天滑轮取下与张力计的连接穿销,将天滑轮平放至钻台面的安全位置。

(6)取下张力计与T形棒的连接穿销,将张力计放置到钻台面的安全位置。

(7)取下T形棒上部的双保险钢丝绳,请钻工打开吊卡,取下T形棒,将其放置到钻台面的安全位置。

(三)地滑轮及链条的拆卸

(1)取下地滑轮与链条的连接穿销,将地滑轮平放到钻台面的安全位置。

(2)用气动锚头吊住链条的一端,地面人员解开链条的结,将另一端释放,使其下坠到钻台面下方。

(3)指挥井队人员提升气动锚头,将链条提升出钻台面,放置到钻台面的安全位置。

安全提示:提升气动锚头时要注意,防止链条被卡住,如果链条被卡应立即停止提升气动锚头,防止链条弹出伤人或损伤设备。

(4)钻台人员将天滑轮、地滑轮、链条、T形棒、井口座筒等辅助设备分

批捆绑在一起，确认安全可靠后，指挥井队人员用气动锚头将这些设备沿坡道下放至滑道上。

安全提示：严禁将设备工具直接从钻台面沿坡道扔下，防止人员受伤及设备损坏。

（四）其他设备拆卸

（1）钻台人员将张力线、通信线、磁性记号线、视频监控线等有序下放到地面；将张力计、通信喇叭、视频监视头等携带至地面上，清点井口工具，准备装车。

（2）地面人员将天滑轮、地滑轮、链条、T形棒、仪器组装座筒等搬运到仪器车尾部并摆放整齐，以便装车。

十、设备装车及交井

（一）仪器设备装车

（1）测井工在作业队长组织下，将各类下井仪器短节装载到仪器车或生活车中指定位置并固定，并将气囊打开。

（2）天地滑轮、马丁代克、T形棒、仪器座筒等测井辅助设备固定。

（3）收回并清点本岗位负责的各类工器具、材料，并放置到仪器车或生活车指定位置，小型零散的材料应先装入专用材料箱，再装车固定。

（二）放射性物品装车

（1）押源人员（作业队长），用便携式辐射探测仪再次检查放射性源是否装入了源罐中。

（2）押源人员（作业队长）在操作工程师协助下，清点放射性刻度器的数目是否正确，将放射性刻度器放置到仪器车指定位置，并固定锁好。

（3）押源人员（作业队长）与仪器车（运源车）驾驶员一起，将放射源搬运至仪器车（运源车）的载源舱中，用链条固定并上锁。

（4）仪器车（运源车）驾驶员关闭源舱门并上锁，设置源舱防盗报警装置。

（三）交井

（1）各岗位清理现场，将废弃物在钻井队指定位置处理，或带回基地统一处理。

（2）协助小队长巡回检查，确保小队无任何设备和工具遗漏在井场。

（四）施工后总结

（1）测井工应参加班后会，听取作业队长对本次作业的施工情况、安全情况、出现的问题进行总结。执行《中国石油集团测井有限公司测井作业队上井注意事项》（测井安全〔2020〕52号）："队长要对安全生产进行讲评，每人都要查找汇报隐患，报告事故事件。"

（2）听从作业队长安排，指定返回途中副驾驶人员。

（3）听取作业队长通报路况、天气情况，交代行车路线、安全注意事项等。

十一、返回基地

（一）返回途中

返回或转井途中，应严格执行放射物品运输要求、安全乘车要求等，与前述上井途中的安全行车要求相同，此处不再赘述。

（二）放射性物品归还

返回基地后，放射性物品归还应严格执行《中国石油集团测井有限公司作业队放射性物品使用注意事项》（测井安全〔2020〕52号）第3.4条款　放射性物品归还要求：

"3.4.1　施工作业结束或专用源车返回基地后，应将放射性物品直接送还源库贮存，严禁拖延归还时间。

3.4.2　还源人和收源人（库管员）按出库交接记录核对数量、编号（自编号）、类型、核素、活度等，双方对放射性物品进行检测确认，填写入库交接记录，双方签字认可（双检双签）。

3.4.3　还源人督促收源人将放射性物品的数量、种类、检测等信息同步发送公司监督中心和本单位监督部门。"

第二节　生产测井（欠平衡测井）标准化操作

一、出发前准备

（一）电缆防喷装置选择

（1）根据井况、测井项目确定该井作业需要携带的电缆防喷装置、测井仪器及辅助工具等，确保其性能指标满足该井作业要求。加重杆的配重可参照表 3-2-1 确定。

表 3-2-1　各型电缆承受上顶力与井口压力关系表

井口压力，MPa	各型电缆承受的上顶力，kg		
	ϕ5.6mm 电缆	ϕ8mm 电缆	ϕ11.6mm 电缆
10	25.1	51.2	107.7
20	50.2	102.5	215.5
30	75.3	153.7	323.2
40	100.4	205	431
50	125.6	256.2	538.7
60	150.7	307.4	646.4

（2）因提前确定现场布局及空间，若现场不具备流程泄压条件，应提请建设方整改或制订专项措施。

（二）其他设备、工具选择

（1）根据测井项目准备、清点好各类设备装置并合理装车，确保齐全（表 3-2-2～表 3-2-4）。

（2）如需涉源测井，执行领取放射源步骤。

（3）地面、井口操作工正确穿戴劳保用品，领取必要消耗材料，核实本岗位的专用工具和辅助器材。

表 3-2-2 生产测井重点设备、工具及材料准备清单例子

设备及工具			材料	
地面系统（包括笔记本电脑、采集面板、打印机、连接线等）	DRS-013 系统	根据任务	热敏胶片	必备
	MID-K	根据任务	热敏纸	必备
	威盛	根据任务	备用操作软件	必备
	KSKS-05	根据任务	RTV 胶	必备
	715 所便携式	根据任务	电路清洗剂	必备
	SKD-3000 便携式	根据任务		必备
转换接头	DDL-Ⅲ→SONDEX	根据任务		
	SONDEX→DDL-Ⅲ	根据任务		
下井仪器	常规七参数	根据任务		
	多臂井径	根据任务		
	电磁探伤	根据任务		
	ϕ51mm 单芯声幅	根据任务		
	ϕ73mm 单芯声幅	根据任务		
扶正器	SONDEX PRC034	根据任务		
	SONDEX PRC022	根据任务		
	715 水平井扶正器	根据任务		
	DDL-Ⅲ弹簧片扶正器	根据任务		
	仿 SONDEX 弹簧片扶正器	根据任务		
	磁测井扶正器	根据任务		
加重杆	过芯加重	根据任务		
	穿芯加重	根据任务		
通径规		根据任务		
万用表及备用电池		必备		
护目镜		必备		

续表

设备及工具		材料
通信设备（防爆对讲机）	必备	
电烙铁及焊锡等	必备	
仪器专用扳手及内六方等工具	必备	
操作岗工具箱	必备	
多臂井径刻度器	根据任务	
装源工具及附件（含防护用品）	根据任务	

表 3-2-3　普通材料、工具准备清单例子

工具		材料	
电缆剪切钳	必备	仪器常用密封圈	必备
电缆卡	必备	手套	必备
管钳	必备	高压胶	必备
仪器支架	必备	黑胶布	必备
黄油枪	必备	白纱带	必备
电缆刮泥器	必备	棉纱	必备
六方扳手	必备	挂锁	必备
硅脂枪	必备	硅脂	必备
地面工具箱	必备	硅油	必备
正压式空气呼吸器	根据任务	黄油（润滑脂）	必备
复合气体检测仪	根据任务	螺纹脂	必备
		液压油	必备
		清洗剂/除锈剂	必备
		铅丝	必备
		彩条布	必备
		吸油纸	必备

表 3-2-4 电缆防喷装置涉及部分设备、工具及材料准备清单例

辅助设备及工具		材料	
电缆剪切短节手压泵及管线	必备	密封脂（根据季节选用）	必备
井口法兰/防喷管转换短节	必备	液压油	必备
法兰盘及配套钢圈	必备	乙二醇	根据任务
螺杆、螺帽及配套扳手（2把）	根据任务	机油	必备
化学试剂注入泵及管线	根据任务	黄油（润滑脂）	必备
泄压阀	必备	螺纹脂	必备
压力表	根据任务	防喷装置密封配件包	必备
天滑轮及防喷管提升吊板	必备	阻流管（与电缆匹配）	必备
防喷管夹板及固定螺丝	根据任务	生料带	必备
控制头夹板及固定螺丝	必备	废油桶	必备
防喷管提升钢丝绳（6m以上）	必备		
防喷管钩头	根据任务		
管钳（3把）	根据任务		
活动扳手（2把）	必备		
手压泵	必备		
手压泵摇柄	必备		
密封脂加注泵	必备		
防喷管尾部底轮	根据任务		
防喷管锚定块（4块）及拉绳	根据任务		
防爆风扇	必备		

（4）队长指定吊装指挥员指挥吊车将需要装车的设备、器材进行装车，如电缆井口防喷装置拖橇［含注脂泵，空气单元，工具箱，电缆封井器（BOP），捕集器，防喷管，电缆控制头，法兰等］、固废回收集装箱等吊装至运输车并固定。

提示：所有吊装作业应遵守吊装作业相关要求，按规定使用牵引绳，吊车司机在吊装操作过程中不得离开操作室，吊装指挥人员需佩戴指挥袖标和反光背心，所有人员应处于安全位置。

（5）出发前应与队伍负责人一同认真核对设备、工具准备情况，完成相关手续，确保完备后再出发。

（6）离开基地时参加生产管理部门召开的三交会。

二、队伍出发

行车过程中，驾乘人员必须主动全程系好安全带。押车人员认真履行职责，全程对行车安全进行监督，押车过程中不得有玩手机、睡觉、影响驾驶员工作等行为。

三、施工前准备

（1）正确穿戴防静电的劳动防护用品。

（2）在作业队长引导下，测井队队全体作业人员阅读入场须知、熟悉作业环境。并遵照执行，熟悉井场逃生路线、作业环境和发生险情时的紧急集合点。

（3）严禁带无线通信设备进入作业现场。作业队长负责督促检查所有作业人员关闭手机，统一装入手机存放箱。

（4）勘察现场：

① 在作业队长带领及现场人员的陪同下对作业区域进行安全检查和评估，确认是否对施工作业构成安全威胁和影响。勘察现场后，确定作业区域，规划车辆、设备的摆放位置及电缆防喷装置组装区域。

② 核实井口压力、井口法兰型号等。

四、布置作业现场

（一）车辆接地

（1）协助操作岗负责仪器车接地线接地并检查（图3-2-1）。

（2）接地装置为铜棒时：将接地铜棒置于潮湿的方井内或插入潮湿的泥土里，用接地电阻测试仪检查仪器车外壳的接地电阻，阻值应小于5Ω。

（3）接地装置为接地夹时：将接地夹与采油树连接。用接地电阻测试仪检查仪器车外壳的接地电阻，阻值应小于5Ω。

（4）安装完成后应检查仪器车是否存在漏电。

（二）设备卸车及摆放

（1）在井口采油树、仪器车与井口之间、电缆防喷装置摆放及安装区域铺上防渗漏彩条布。

（2）将电缆防喷设备拖橇吊放在便于吊装、不妨碍施工的位置。

（3）将试压装置吊至井口附近，试压装置的操作面板远离井口方。

（4）将注脂系统吊放在远离井口的上风方向，且在注脂管线最大长度使用范围内，将回油桶和备用密封脂吊卸至注脂系统旁边。

图 3-2-1　车辆插接地线

（5）将空气单元吊放在远离井口的上风方向，且在气管线最大长度使用范围内。

（6）将电缆防喷器、法兰盘、抓卡器、防落器、泵入三通等短节吊至指定位置。

（7）将防喷盒、刮绳器、控制头短节和阻流管放在仪器车与采油树之间指定位置。

提示：吊装作业时，严禁人员在吊臂和吊物下行走，正确使用牵引绳、专人指挥、区域隔离等。

（三）仪器、设备检查

1. 下井仪器检查

对下井仪器和工具的各连接部位及通断绝缘进行检查，紧固各连接部位、顶丝、穿销等。对通径规大小尺寸进行确认，检查扶正器弹簧单元硅脂、弹簧容纳腔高温润滑脂，对下井仪器进行供电检查（图 3-2-2）。

2. 电缆防喷装置的检查及功能测试

检查注脂泵各连接部位完好有效，柴油、机油、液压油、密封脂充足，手压泵工作正常，各阀门、指示表等正常。检查控制头各连接短节螺纹及密封面完好，注脂管、回脂管、液压管接头完好。检查防喷盒中的橡胶块、铜块及阻流管与电缆规格是否配套，是否有相应的密封配件。检查法兰盘、钢圈规格与井口法兰一致，螺栓、螺帽、专用工具齐全完好（图3-2-3）。

图3-2-2　检查生产测井仪器

图3-2-3　检查法兰盘

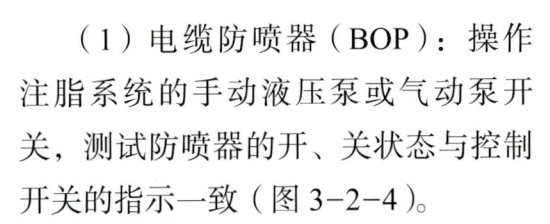

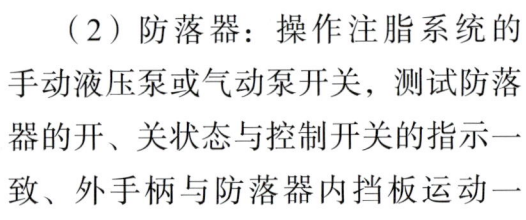

图3-2-4　检查电缆防喷器（BOP）

3.功能测试

（1）电缆防喷器（BOP）：操作注脂系统的手动液压泵或气动泵开关，测试防喷器的开、关状态与控制开关的指示一致（图3-2-4）。

（2）防落器：操作注脂系统的手动液压泵或气动泵开关，测试防落器的开、关状态与控制开关的指示一致、外手柄与防落器内挡板运动一致。测试电缆头通过防落器，确认不会在防落器内挡板处遇卡。

（3）抓卡器：操作注脂系统控制开关，测试抓卡器对电缆头打捞头的抓卡和释放功能，确认抓卡器动作状态与控制开关一致。

（4）剪切短节：操作手压泵，测试剪切功能。

（5）快速测试短节：操作手压泵，加压至井口测试压力，测试无泄漏。

4.试压装置检查

检查各连接部位完好,各阀门、指示表等正常,空气单元柴油、机油充足。

五、井下仪器连接

(一)地面人员

(1)井下仪器串总长不超过放喷管内部空间长度,仪器可直接在地面滑道上进行连接,用绞车使仪器串提升至防喷器内。

(2)需要在井口组装的仪器,排列在滑道上,仪器上部朝向井口、下部朝向绞车,地面人员检查所有的仪器护帽、堵头已拧紧。检查仪器护帽和堵头的连接环,确保安全可靠。

(3)地面人员在电缆头上安装"电缆头弱点防断保护器",上全、上紧顶丝,并旋转电缆防跳挡环,确保电缆不会跳出"电缆头弱点防断保护器"。

安全提示: 当在井口连接或拆卸井下仪器时,一旦发生刮卡,绞车张力会瞬间增大,可能拉断弱点,造成人员伤亡、仪器落井、仪器设备损坏等事故,所以安装"电缆头弱点防断保护器"可以有效避免以上事故的发生。

(4)电缆头(马笼头)开始受力上升时,地面人员应拉紧仪器拉绳,使仪器尽可能缓慢靠近坡道,避免撞击坡道损坏仪器。

(二)井口操作人员

(1)当井下仪器底部完全离开坡道,高于钻台面约 1m 时,钻台人员指挥绞车工停车,地面人员拉紧仪器拉绳稳住仪器。钻台人员站在安全位置,指挥地面人员缓慢释放仪器拉绳,同时护送仪器并保持仪器平稳移向井口。

(2)井口连接仪器时,保持通信畅通,手势统一。指挥手势为:手向上指并在水平面画圈为上提,手向下指并小幅度上下摆臂为下放,手臂平甩为停车,手式见图 3-1-26~图 3-1-28。

(3)仪器到达井口后,钻台人员应确认电缆与张力线没有缠绕,然后拆除仪器拉绳,指挥绞车工下放电缆将仪器串入井。

(4)井口操作工应佩戴护目镜、系好安全带,安装工具系上保险绳,含硫井应佩戴硫化氢检测仪、正压式空气呼吸器等。上钻台时必须扶好梯子护栏。

（5）井口操作工确认井口无泄漏，检查并清洁压裂井口的法兰端面和钢圈槽并涂抹上润滑脂。

（6）井口操作工检查法兰、钢圈外观，确认钢圈为新钢圈且法兰与钢圈型号相符，安装钢圈到压裂井口法兰上。

（7）井口操作工装上固定螺栓，先紧固4颗对称螺栓，然后再对称紧固剩余螺栓，确保上下法兰密封面平整。

（三）安全提示

（1）在地面人员护送仪器至井口过程中，地面人员应拉紧仪器拉绳，防止仪器猛烈撞向井口。

（2）钻台人员应提醒绞车工不能猛提猛放电缆，防止人员受伤或仪器损坏。钻台人员应注意自身安全，防止跌倒、被仪器撞击。

（3）电缆运行期间，严禁跨越电缆。运行中的电缆一旦绷紧，会导致跨越电缆的人员伤亡。

（4）工作期间，严禁接触运转中的绞车滚筒、电缆、马丁代克、绞车链条。否则，可能导致机械伤害发生，造成人员伤亡。

（5）指派起重机指挥员指挥吊装作业，防止配合不当造成人员伤害、设备损伤。

（6）在紧固螺栓时，工具应系好尾绳，防止工具脱手伤人。

（7）井口操作工安全带应高挂低用。

（8）吊装作业应使用吊装护帽，吊装护帽应紧固到位。

（9）井口吊装与安装作业时，井口操作工应待吊装设备吊至井口安装附近位置平稳后，再进行安装与紧固。

（10）防喷管与井口捕集器（防落器）连接时，应先将防喷管下至距捕集器上方0.3m左右尽量对正停稳后，井口操作工方可靠近、扶正连接。

（四）井下仪器连接

（1）人员检查仪器密封圈应完好，检查井下仪器的下端插针应无断裂、弯曲或回缩，仪器上端插座应完好，C形卡簧应完好，若发现问题应及时更换。

（2）根据现场最适合的方式分别选择地面连接及井口连接方式连接测井仪器。

（五）仪器串的通电检查及测前校验

确认电缆头（马笼头）和仪器连接好后，钻台人员通知操作工程师给仪器供电、检查并做测前校验。

六、入井施工作业

（1）上起防喷管：

① 吊装指挥员指挥吊车缓慢上起，将防喷管串起直。

② 在吊车缓慢上起期间，绞车操作工应根据吊车上起情况，下放电缆，使电缆处于松弛状态。

③ 操作工注意理顺管线和清洁电缆，防止打扭。

④ 吊装作业时，操作工应处于安全位置，防止设备受损和人员伤害。

（2）下放入井管串。

（3）测井仪器入井：

① 操作岗检查并输入电缆深度校正系数，确认无误后，通知地面岗人员和绞车工进行仪器串井口深度对零。绞车工记录电缆在绞车滚筒所处的位置（绞车滚筒外层电缆的圈数）作为判定仪器是否进入防喷管的手段之一。

② 关闭泄压阀。用手压泵封闭控制头。

③ 井口带压人员启动高压注脂泵向控制头注脂，观察到回脂管线出脂为止。

安全提示：

a. 施工前应加足密封脂，若因井深或工作时间长需中途补充密封脂应择机而行，密封脂要清洁，不能有泥沙等。

b. 注脂泵软管与控制头连接时，应将软管内的空气排尽。单向阀应工作可靠，控制头与回油软管输出端应有高压节流阀。

④ 进行观察，确认无泄漏后，仪器正式入井。

（4）资料采集：

① 将伽马刻度器放置在井口。操作岗进入测井模式，记录伽马刻度器的计数和位置，便于仪器上提到相同位置时进行比较。

② 在仪器开始下放时，应清洁电缆，直至电缆干净无杂物。

③ 仪器串下井、数据采集、下方速度等应执行相关标准。

④ 井口有专人坐班，注意观察防喷系统各密封环境的密封情况，以及电缆的情况，发现有泄漏或电缆有断钢丝应立即停车处理。

（5）测井完成后仪器管串进入防喷器，关闭防喷器。

（6）泄压，拆卸防喷管。

（7）拆卸井口带压防喷系统及装车：

① 待所有施工作业完成后，按照组装井口带压防喷系统作业程序的反程序拆卸井口带压防喷系统并装撬上车固定。

② 地面操作工对施工作业现场的废弃物按含油废物、工业垃圾、生活垃圾进行清理分类打包，再放入指定垃圾箱后装车带回基地统一交给有资质的单位进行处理。

③ 施工作业现场清理完成后，地面应无油污、油迹、油渍。

④ 离开井场前，参加队长组织召开简短会议，会议内容包括：安排仪器车、工作车副驾人员、明确队车行驶的顺序、对驾驶员提出安全行车要求等。

⑤ 按要求归还放射源。

七、总结及生产准备

（1）参加施工总结会，总结该井施工作业的成功经验、风险管控情况，分析施工中遇到的各种问题，提出改进措施。图 3-2-5 为生产测井现场召开总结会。

图 3-2-5　生产测井现场召开总结会

（2）生产准备：

① 协助操作工程师、绞车工对仪器设备、工具进行清洁、润滑和紧固等"十字"作业。对井口、地面工具进行清点、检查和清洁保养，对存在问题的仪器、工具应及时进行维修或更换（特别是穿芯加重外观磨损检查、坐封工具使用次数检查等）。

② 清点测井队常用备件并及时补充。

③ 如实填写使用保养记录。保养完成后填写保养记录、更换记录，确保所有计量、承重设备处于有效合格或检测合格期内。

（3）在完成车辆、仪器、设备和工具的检查和维护保养后，由作业队长向上级生产管理部门申报待令，准备接受新的任务。

第三节　油管（钻具）输送射孔标准化操作

油管（钻具）输送射孔是利用油管（钻具）连接射孔枪下到油气层位置。经过深度校正、调整管串位置后，装好井口。通过地面投棒起爆或压力起爆等方式引爆射孔弹射开油气层的工艺。图3-3-1为油管（钻具）输送射孔流程图。

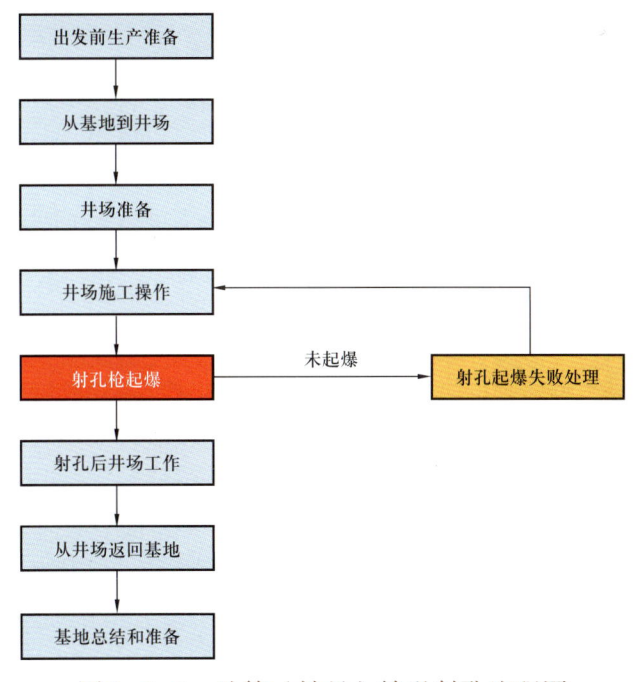

图3-3-1　油管（钻具）输送射孔流程图

一、出发前准备

（1）作业人员应持证上岗：井控培训合格证或国际井控培训合格证（IADC）、HSE培训证、爆破作业人员许可证（爆破员）。

（2）正确穿戴个人防护用品，检查设备、配件和工具，负责按"物资采购临时需求计划表"（表3-3-1）中内容，做好射孔器材准备，领齐全射孔器材，并做到型号、数量满足施工要求。

（3）射孔器材搬运：

推荐做法1：多人搬运射孔器时，应站在射孔器同一侧，互相配合（图3-3-2）。

图 3-3-2　搬运器材正确姿势

推荐做法2：较重射孔器抬起和放下时，应由排头左侧第一人专人指挥，多人使用吊带的方式进行搬运（或使用多功能运输枪架运送）（图3-3-3）。

图 3-3-3　搬运较重射孔器正确姿势

表 3-3-1 物资采购临时需求计划表

需求单位（盖章）：射孔项目部　　　　日期：2021 年 10 月 26 日　　　　编号：XN2021102601

序号	名称	规格型号	单位	数量	单价	总价	库存	供货时间	项目长	系列	建议厂家	备注
1	射孔枪	86-16-60-175，5.8m/支，装配 DP35HNS25-4XF 型射孔弹，双母弹夹，每 2m 安装支	支	3				2020-11-06			有限公司	双探 102 井，要求所有器材出具合格证
2	枪接头	SQ86-175，外螺纹内螺纹配套，通孔	对	8				2020-11-06			有限公司	双探 102 井，要求所有器材出具合格证
3	带孔枪尾	ϕ93，外螺纹端 $2^{7}/_{8}$in 加厚扣	件	1				2020-11-06			有限公司	双探 102 井，要求所有器材出具合格证
4	86 枪尾	SQ86-175	件	1				2020-11-06			有限公司	双探 102 井，要求所有器材出具合格证
5	提升短节	扣型 $2^{13}/_{16}$in-6ACME	件	1				2020-11-06			有限公司	双探 102 井，要求所有器材出具合格证
6	提升短节	扣型 $2^{7}/_{8}$in-6ACME	件	1				2020-11-06			有限公司	双探 102 井，要求所有器材出具合格证
7	铁护丝	扣型 $2^{13}/_{16}$in-6ACME	对	7				2020-11-06			有限公司	双探 102 井，要求所有器材出具合格证
8	射孔弹	DP35HNS25-4XF	发	550				2020-11-06			有限公司	双探 102 井，要求所有器材出具合格证

附件：技术规格书（含设备名称、数量、规格型号、产品标准、详细技术要求、验收方法、供货时间、其他）

紧急情况说明：

需求单位办人：	需求单位负责人：	业务主管部门负责人：
日期：	日期：	日期：
业务主管领导	单位主要领导签字：	
日期：	日期：	

— 147 —

（4）准备工作涉及吊装作业时，操作人员使用长度不少于15m的牵引绳控制吊物，防止吊物摆动和旋转，牵引绳不得缠绕在人体任何部位。不得在吊物下方工作、站立、行走，严禁将头部伸进起吊物下方观察情况，严禁站在吊物上随同升降。

（5）接受作业队长出发前检查。离开基地前按规定参加"三交会"，会后签字确认。

二、队伍出发

行车过程中，驾乘人员必须主动全程系好安全带。押车人员认真履行职责，全程对行车安全进行监督，押车过程中不得有玩手机、睡觉、影响驾驶员工作等行为。

三、施工前准备

（1）正确穿戴防静电的劳动防护用品（图3-3-4）。

图3-3-4　正确穿戴防静电的劳动防护用品

（2）在作业队长引导下，全体作业人员阅读入场须知、熟悉作业环境（图3-3-5）。

（3）严禁带静电、火种、无线通信设备进入作业现场。作业队长负责督促检查所有操作工关闭手机，与火种一并交出，统一装入手机存放箱（图3-3-6）。

图3-3-5　阅读入场须知　　　　图3-3-6　手机存放箱

（4）参加班前会，知晓本岗位职责、属地管理范围并接受作业队长安排的任务（图3-3-7）。

图3-3-7　参加班前会

四、布置作业现场

（1）作业区域设置，在装枪区域设置安全警戒带，靠井场出口方向预留出入口。在井场醒目位置摆上警示牌（图3-3-8）。

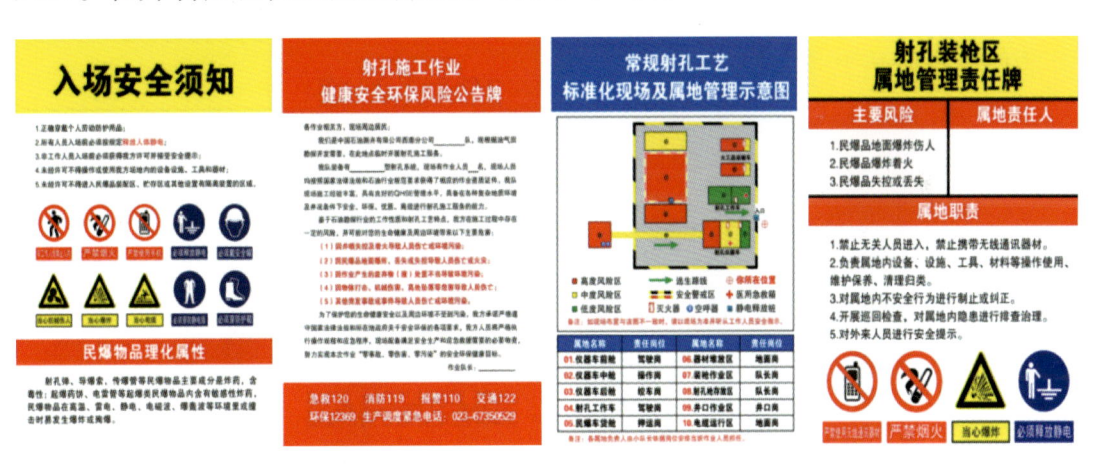

图3-3-8　各类警示标识

（2）摆放射孔枪及工具，地面工取出枪架，枪架放置要"齐、平、稳"，间距合适。

（3）作业队长组织人员将排序靠后的两支射孔枪（或取井队两根油管）平行置于枪架上。按排炮单枪序（自下而上）将射孔枪、夹层枪从器材车上抬下，母接头端朝向井口方向，依次摆放（图3-3-9）。

图 3-3-9　摆放射孔枪

五、设置装枪区域

（1）设置装枪区域，在平坦地面上铺上 3～5mm 厚的橡胶垫，在橡胶垫上放置枪架。将封口钳、导爆索切割钳、橡胶锤、锁紧工具、改刀、量尺、卷尺等摆放在橡胶垫上（图 3-3-10）。

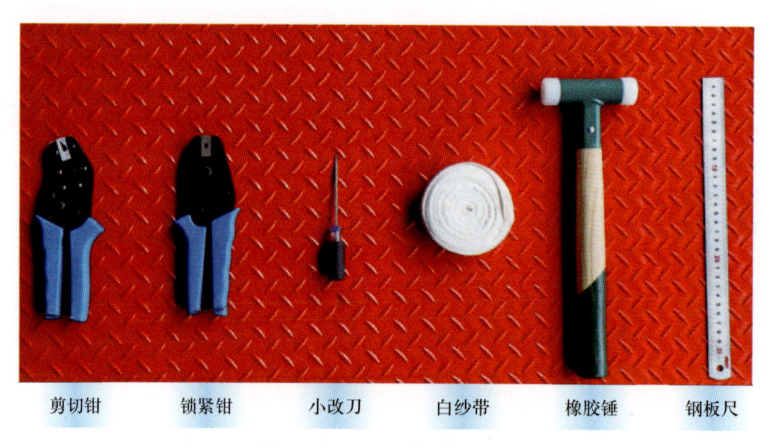

剪切钳　　锁紧钳　　小改刀　　白纱带　　橡胶锤　　钢板尺

图 3-3-10　装枪工具

（2）民爆物品运输车押运员和驾驶员就位，双人用各自钥匙（双人双锁），打开车门，押运员和保管员共同清点民爆物品型号和数量，安全员在一侧负责监督；清点完毕后，双方在民爆物品领取、退还记录本和民爆物品使用、领用记录本上（某些区块仍然要记录备查）签字，作业队负责民爆物品的保管员、监督员及押运员、驾驶员在平板上扫脸确认。保管员与爆破员共同清点民爆物品型号、数量和编码，然后办理交接手续。

六、切割导爆索

（1）取出导爆索，顺着导爆索缠绕方向"理"出导爆索，利用目测、手捏的方法检查导爆索的外观质量，导爆索有明显折皱、破皮、缩径的禁用。

（2）用导爆索切割钳切断多余导爆索（图3-3-11），导爆索长度（米，m）=有效射厚（米，m）×1.5+0.6（米，m），保证切口"平、齐"，余留导爆索端面装药无松散。

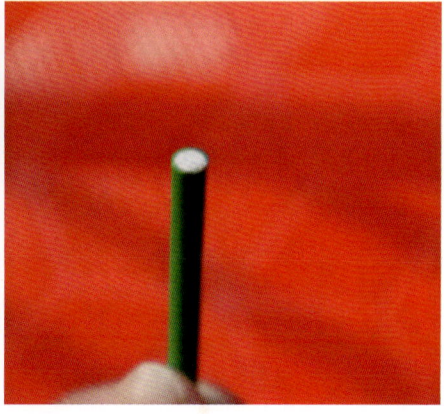

图3-3-11　剪切导爆索

（3）所有的导爆索（包括短节）截取后应立即用胶布将两端包好防止药粉洒落（图3-3-12）。

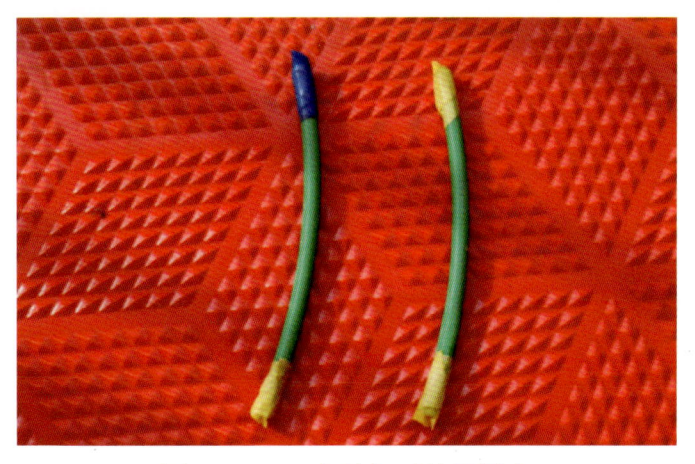

图3-3-12　包扎好后的导爆索

七、组装射孔弹

（1）从操作工程师编号后的射孔枪中将弹架取出（图 3-3-13）。

图 3-3-13　取出弹架

（2）保管员与爆破员共同开箱检查民爆物品（图 3-3-14）。

安全提示：严禁将射孔弹整箱倾倒出来。

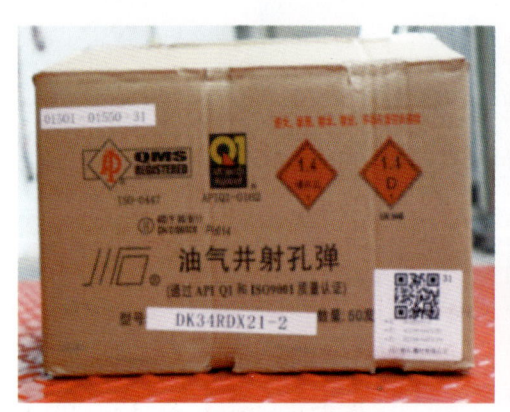

图 3-3-14　开箱检查民爆物品

（3）用毛巾清洁弹架上的油污，检查孔密和相位，进行与枪管一致的编号，明确装配要求（上装、下装等）、装配人、复查人。图 3-3-15 为装枪质量检查表。

（4）装配人员负责保管领到手的民爆品，然后进行装配作业，每一支枪装配完毕后，立即填写装配记录（图 3-3-16）。

图 3-3-15　装枪质量检查表

图 3-3-16　民爆物品现场装配记录

（5）装弹，从固定环一侧开始装弹。操作程序：取出一发射孔弹放入弹孔内，将导爆索按右旋方向绕至该射孔弹的 R 槽内，摁下压环压住导爆索，相邻两发射孔弹的压环方向应相对，不应顺着同一方向（图 3-3-17）。用弹卡或锁弹槽将射孔弹"锁"紧在弹孔内。重复该操作过程，直至该弹架上应装射孔弹全部装完。用橡胶锤轻轻敲击压环，将导爆索固定在 R 槽内（图 3-3-18）。

安全提示：

① 射孔弹应轻取轻放，防止从手中滑落，避免损伤药型罩。

图 3-3-17　压环方向相对　　　　　　图 3-3-18　橡胶锤轻敲压环

② 非满弹的弹架在装配前，要由操作工程师根据排炮单做好标记，装配人员严格按要求装弹。

③ 装配时不能"扭、折"导爆索，转动弹架时应防止导爆索刮伤。

④ 射孔弹药型罩有损伤、松动的禁用。

⑤ 严禁用金属工具撬压射孔弹起爆孔，有引爆射孔弹的风险（图 3-3-19）。

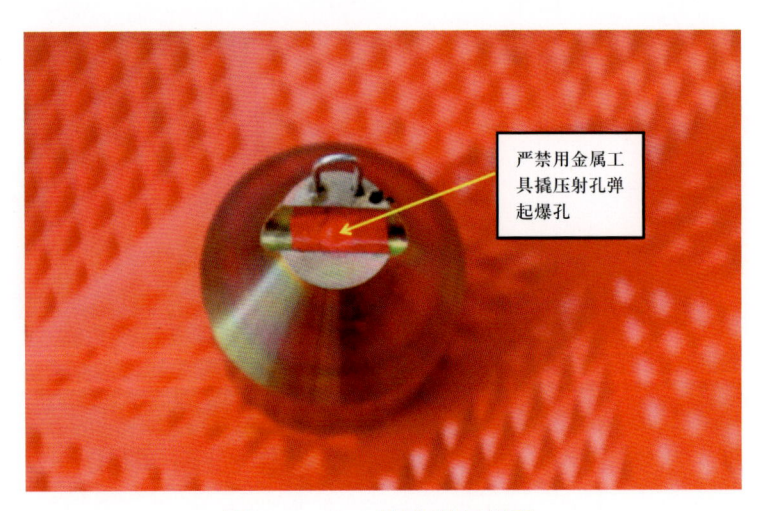

图 3-3-19　射孔弹起爆孔

八、组装夹层弹架

（1）按右旋方向将导爆索绕在弹架上，每间隔 30cm 左右用白纱带捆扎一次（图 3-3-20）。

（2）井温超过 140℃的井，应在夹层弹架上按照 1m 一个螺旋的方式装配空弹壳。（如夹层弹架为 90°相位，在 1m 弹架内装配 4 发，每个方向装配 1 发空弹壳。如夹层弹架为 60°相位，在 1m 弹架内装配 6 发，每个方向装配 1 发空弹壳）。

图 3-3-20　夹层弹架

九、送弹架入射孔枪管、装配传爆管

（1）用毛巾清洁枪管两端密封面（清理螺纹与退刀槽处铁屑）。

（2）将检查合格的弹架对照射孔枪编号缓慢送入枪内，固定环留在枪管外约 100mm。若是盲孔枪，将枪管上第一个盲孔向上放置，便于弹架定位键对准枪管定位槽。

（3）装配固定环一端传爆管（图 3-3-21），导爆索留取长度的确定：用量尺从固定环外端面测量，102、114 及 127 枪留取导爆索 30mm，73、86 及 89 枪留取导爆索 95mm。

图 3-3-21　装配固定环一端导爆索长度

（4）用导爆索切割钳切断多余导爆索，保证切口"平、齐"，余留导爆索端面装药无松散。

（5）将导爆索插入传爆管中，左手食指和中指夹住导爆索，拇指顶紧传爆管，使导爆索端面与传爆管紧密接触。用封口钳将传爆管锁紧。锁紧后，锁点最大直径不得超过 8mm。

（6）装配垫环一端传爆管，导爆索留取长度的确定：将导爆索在枪管内扶正居中，量尺放在枪管端面中部，用量尺从射孔枪管端面起量，各型射孔枪余留导爆索长度均为 85mm。

安全提示：严禁夹传爆管装药部位，有爆炸风险（图 3-3-22）。

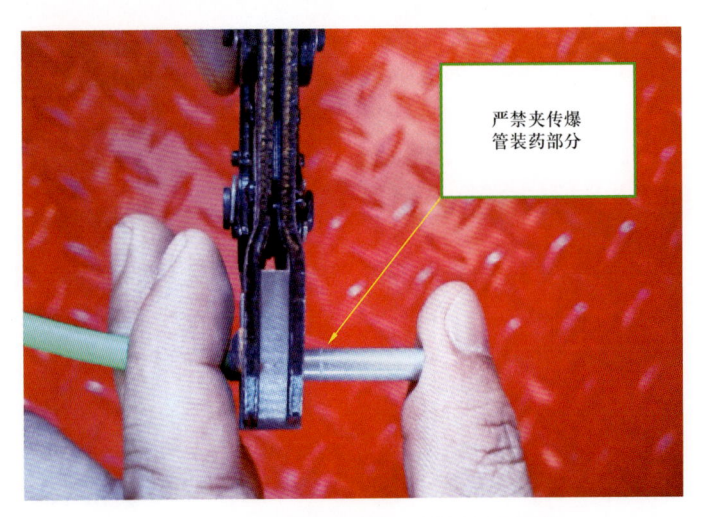

图 3-3-22　严禁夹传爆管装药部分

十、装配射孔枪接头

（1）检查接头密封面、螺纹、扶正套及密封圈等有无损伤，并对接头密封面及螺纹进行清洁。

（2）借助白纱带将密封圈导入密封槽，并引导两圈，防止密封圈在密封槽内打扭和受损。

（3）在外螺纹接头、内螺纹接头密封部位均匀涂上润滑油脂，然后将接头与射孔枪管扣连接牢靠。

安全提示：上外螺纹接头时，应将导爆索拉直导入外螺纹接头小孔内，防止导爆索被挤压在外螺纹接头与垫环间。提示观察，接头转动时传爆管不发生转动。

(4)检查外螺纹接头、内螺纹接头处传爆管位置,确认正确。外螺纹接头、内螺纹接头端传爆管与扶正杆平齐(图3-3-23),外螺纹接头、内螺纹接头装配后,间隙控制在0~5mm。

图 3-3-23　传爆管与扶正杆端面平齐

(5)清洁、检查护丝密封面和密封圈,为外螺纹接头、内螺纹接头装上接头护丝,要求内螺纹接头至少旋入一道密封圈,外螺纹接头两道密封圈(图3-3-24)。

图 3-3-24　带上护丝

十一、组装压力起爆装置、压力延时起爆装置

（1）确定组装起爆装置场地，应远离射孔弹等民爆物品。除队长指定的装配人员外，其他人员撤离。

（2）压力起爆装置组装前检查（表3-3-2）。

表 3-3-2　压力起爆装置组装前检查表

产品号	产品批次号	起爆药饼产品号	起爆药饼批次号
检查项目	检查内容	检查结果（是否合格）	不合格情况下的解决措施
开箱后产品状态	产品包装完好		如果有任何一项不合格，应向厂家反馈信息，并确认该产品能否使用
	产品合格证、装箱清单、使用提示书等齐全		
	产品数量与装箱清单量一致		
检查项目	检查内容	检查结果（是否合格）	不合格情况下的解决措施
产品外观	螺纹无明显损伤		如产品螺纹不能正常连接，则停止使用该套产品
O形圈	无划伤、断裂、凹陷等缺陷		用备件进行更换
剪切销	剪切销计算正确		对剪切销计算校核
	剪切销安装数量正确		对安装剪切销的数量进行校核

井号：
检查人（签名）：
检查日期：

（3）将起爆装置打开并竖直放置，防止剪切销滑落（图3-3-25）。

图 3-3-25　压力起爆装置

（4）按照计算的剪切销数量，对称取出多余的剪切销，并妥善存放（图 3-3-26）。至少要有三人对剪切销数目进行确定。

图 3-3-26　对称取出多余剪切销

（5）将密封圈装在上接头的密封槽中，并涂上润滑油脂。将上接头拧入下接头，将密封圈装在下接头的密封槽中，涂上润滑油脂。

（6）旋下螺塞，从防爆箱中取出起爆药饼。将起爆药饼装入下接头，要使起爆药饼的红色端向外，且不能安装密封圈（图 3-3-27），上好止退螺钉，带上护丝，队长指定专人保管。

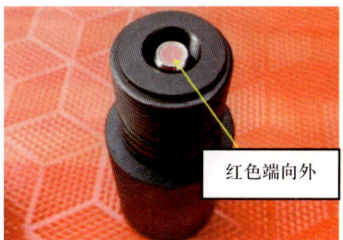

图 3-3-27　起爆药饼红色端向外

安全提示：装配过程中，严禁重物撞到击针塞上，以免伤到剪切销，影响剪切值。

（7）核对压力延时起爆装置组件明细。

（8）把压力延时起爆装置壳体水平放置在橡胶垫上，将延时起爆管装入壳体，并缓慢竖立，用螺塞将延时起爆管固定，将密封圈装入壳体的密封槽内（图 3-3-28）。

表 3-3-3　压力延时起爆装置组件明细表

序号	名称	数量
1	壳体	1
2	螺塞	1
3	延时起爆管	2
4	O 形圈（ϕ65mm×3.5mm）	2

图 3-3-28　装配延时起爆管

（9）压力将延时起爆装置壳体上端与压力起爆装置的下接头连接。组装好的压力延时起爆装置在入井前应由队长指定专人保管。

（10）在作业队长的安排下清理装枪作业现场（图 3-3-29）。

图 3-3-29　民爆物品使用管理

（11）现场民爆物品归还：首先小队在平板上发出退还申请，并经过网上审批同意；爆破员和保管员双人将现场防爆箱打开，取出待归还民爆物品并送至运输车，交接双方共同清点好待归还民爆物品型号、数量和编码，安全员负责监督，然后将民爆物品装车固定，驾驶员和押运员锁好车门（双人双锁）。双方在民爆物品领取、退还记录本和民爆品使用、领用记录本上签字确认，作业队保管员、安全员、押运员、驾驶员在平板上再次确认，然后运输车离开现场。

十二、吊枪、连接、下井

（1）检查提升短节（密封圈）和卡板等工具的安全性能，确认完好。

（2）井口操作工佩戴硫化氢报警仪、护目镜，将接枪工具带上井口平台，放在离井口转盘1m以外，准备好坐放射孔枪及提升接头的吊卡，并盖好井口。

（3）地面操作工准备好牵引绳、铁钩等送枪工具。

（4）地面操作工按射孔枪入井先后顺序，取下入井枪管内螺纹接头护丝，把提升接头与内螺纹接头连接并旋紧，将其移至滑道上。

（5）井口操作工指挥井队风动绞车操作手将小钩放至提升接头位置，地面操作工用小钩挂牢提升接头提环，用棕绳或铁钩拉住公接头护丝环，发出吊枪指令。

（6）井口操作工指挥井队操作手平稳将射孔枪提至钻台，放入鼠洞内（图3-3-30）。

图 3-3-30　射孔枪放入钻台鼠洞

（7）作业队长（操作工程师）指挥井队司钻缓慢提放游车对准鼠洞内射孔枪的提升接头，井口操作工用吊卡卡住提升接头并确认卡牢后，取下小钩。

（8）作业队长（操作工程师）指挥司钻缓慢上起游车，将射孔枪提出鼠洞，平稳下放入井，井口操作工用卡板将枪管卡好座于井口。然后打开吊卡，取下提升接头，清洁内螺纹接头密封面，检查传爆管并用干净毛巾盖住（图3-3-31）。

图 3-3-31　射孔枪安全座在卡板上

（9）作业队长（操作工程师）指挥司钻从鼠洞中提出下一支射孔枪，将射孔枪内螺纹接头提离钻台平面约80cm后停车，井口操作工取下护丝，清理密封面、检查密封圈和传爆管（图3-3-32），在密封圈上涂上润滑油脂。由井口操作工扶住射孔枪，队长指挥司钻慢慢下放油车，待两支射孔枪的外螺纹接头、内螺纹接头对接后，放松吊卡。

检查传爆管
警示:传爆管切记不能伸出接头端面

检查密封圈

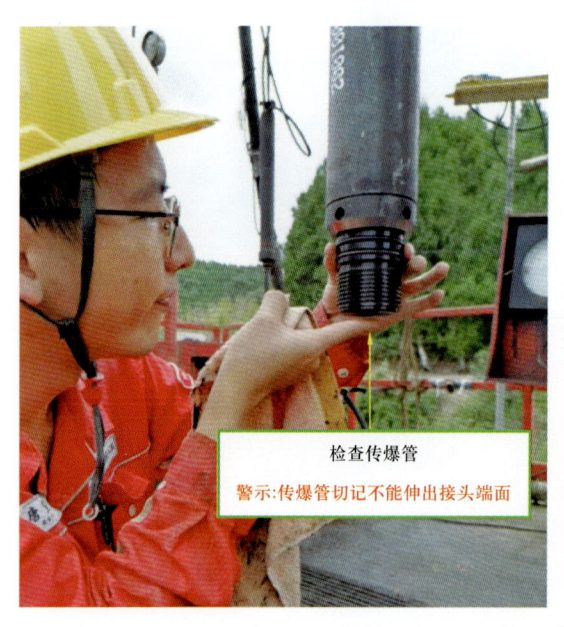

图 3-3-32　检查传爆管、密封圈

（10）井口操作工旋转射孔枪，连接外螺纹接头、内螺纹接头，在连接过程中要防止密封圈损伤和提升接头退扣（图3-3-33）。

图 3-3-33　注意观察提升短节退扣

（11）重复操作，连接下一支射孔枪，直至最后一支枪连接好并坐于井口。

（12）将装配好的起爆装置拿到钻台上。检查密封面、密封圈，在密封圈涂上润滑油脂，与射孔枪母接头连接牢固。根据施工管柱设计连接其他入井工具（如筛管、减震器等）。

十三、地面准备、井口安装、撤除及离场

（1）地面工在仪器车两旁至滑道两侧拉好警戒线，设置警示牌。

（2）将天、地滑轮及吊板等搬到井架滑道上。配合绞车工倒出约 100m 电缆。

（3）队长指挥井队风动绞车操作手将天、地滑轮、吊板、电缆及安全链条（钢丝绳）等提至钻台上，盖好井口。

（4）专人负责检查天、地滑轮，安全链条（钢丝绳）及锁销，确认完好。

（5）操作工将天滑轮安装在游车吊卡上，并锁好吊卡，加装"双保险"措施（图 3-3-34）；将地滑轮的安全链条（钢丝绳）固定在钻台平面大梁或井口吊卡上，要提示防止井口吊卡打开，吊卡开口方向背对仪器车方向。将电缆依次穿过地滑轮、天滑轮，拉下天滑轮两侧的电缆限位卡。将张力线及张力传

感器带上钻台平面，连接好张力传感器。

（6）相关资料收集完毕，仪器起出井口后，小队人员在井队的配合下取下天、地滑轮，撤除井口。

（7）将天、地滑轮及下井仪器等设备清洁、润滑，并装车固定好。

（8）操作工对施工作业现场的各种废弃物进行清理，并放入指定垃圾箱。

图 3-3-34　安全钢丝绳（双保险）

十四、总结及生产准备

（1）测井工应参加班后会，听取作业队长对本次作业的施工情况、安全情况、风险管控情况、分析施工中遇到的各种问题，提出改进措施。

（2）生产准备内容：

作业队长督促各岗人员 24h 完成对车辆、仪器设备、带压设备、绞车、电缆及工具的检查和维护保养并完善相应记录。

① 协助操作工程师、绞车工对仪器设备、工具进行清洁、润滑和紧固等"十字"作业。对井口、地面工具进行清点、检查和清洁保养，对存在问题的工具应及时进行维修或更换。

② 清点小队常用备件并及时补充。

③ 如实填写使用保养记录。保养完成后填写保养记录、更换记录，确保所有计量、承重设备处于有效合格或检测合格期内。

（3）队长对上述完成情况进行检查，向基层生产单位申报待令，准备接受新任务。

第四节　电缆输送射孔标准化操作

电缆输送射孔是在油气井井口安装好电缆防喷装置，利用电缆将射孔枪下入井内，通过磁性定位器、自然伽马等测出定位曲线校正位置，调整射孔枪深度对准油气层射孔的工艺。图 3-4-1 为电缆输送射孔流程图。

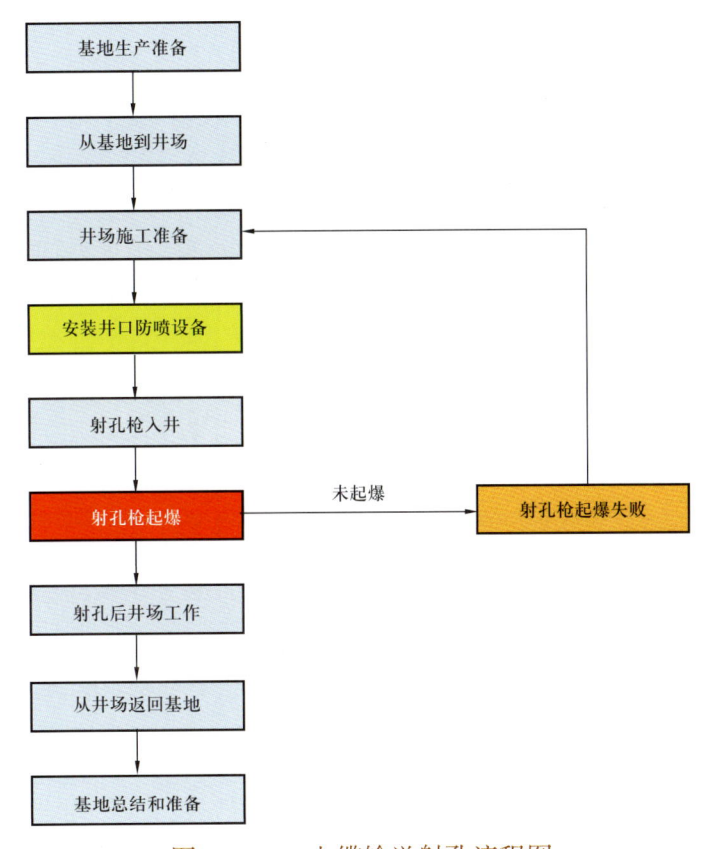

图 3-4-1　电缆输送射孔流程图

一、出发前准备

（1）确认作业人员应持有的证件，包括爆破作业人员许可证（爆破员）、井控培训合格证或国际井控培训合格证（IADC）、HSE 培训证等有效证件。

（2）正确穿戴个人防护用品。检查设备、配件和工具，负责按"物资采购临时需求计划表"（表 3-4-1）中内容，做好射孔器材准备，领全射孔器材，并做到型号、数量满足施工的要求。

表 3-4-1 物资采购临时需求计划表

西南分公司物资采购临时需求计划表

需求单位（盖章）：射孔项目部　　日期：2021 年 08 月 03 日　　编号：XN2021080302

序号	名称	规格型号	单位	数量	单价	总价	库存	供货时间	项目长	系列	建议厂家	备注
1	射孔枪	102-16-60-105，3.3m/支，装配 SCCX-102 弹	支	2				2021-08-06			有限公司	西 9 井 / 桂 79 井出具合格证
2	内螺纹接头	SQ102-105，塑料扶正杆配套，氟胶密封圈配套，倒角至 86mm	件	2				2021-08-06			有限公司	西 9 井 / 桂 79 井出具合格证
3	86 直通点火头		件	2				2021-08-06			有限公司	西 9 井 / 桂 79 井出具合格证
4	102 枪尾		件	2				2021-08-06			有限公司	西 9 井 / 桂 79 井出具合格证
5	氟橡胶密封圈	$\phi65 \times 3.5$	件	10				2021-08-06			有限公司	西 9 井 / 桂 79 井出具合格证
6	氟橡胶密封圈	$\phi90 \times 5.7$	件	10				2021-08-06			有限公司	西 9 井 / 桂 79 井出具合格证

附件：技术规格书（含设备名称、数量、规格型号、产品标准、详细技术要求、验收方法、供货时间、其他）

紧急情况说明			
需求单位经办人：	需求单位负责人：	业务主管部门负责人：	单位主要领导签字：
日期：	日期：	日期：	日期：
业务主管领导			日期：

（3）根据套管尺寸选择合适的射孔枪枪型，射孔枪主要技术参数见表3-4-2。

表 3-4-2 射孔枪主要技术参数

套管	常用枪型
7in	127 型、114 型
$5\frac{1}{2}$in	102 型、89 型
5in	89 型、86 型
$4\frac{1}{2}$in	73 型、68 型
4in	68 型、60 型
$3\frac{1}{2}$in	51 型

注：射孔枪与套管间隙不得小于15mm。

（4）射孔弹炸药类型应满足施工要求，炸药主要技术参数见表3-4-3。

表 3-4-3 炸药主要技术参数

温度/时间	射孔弹炸药类型
<140℃/12h	RDX
140~170℃/12h	HMX
170~250℃/12h	HNS 或 PYX

（5）常用加重主要技术参数见表3-4-4。

表 3-4-4 常用加重主要技术参数

外径，mm	材质	耐温，℃	耐压，MPa	扣型	单位长度重量，kg/m
28	钢	180	105	M22×1.5	4.8
32	钢	180	105	M26×1.75	5.8
35	钢/钨	180	105	M26×1.75	7.5/13
38	钢	180	105	1-3/16-12UNF	9.2
44	钢/钨	180	140	1-3/16-12UNF	12/21
51	钢/钨	180	140	1-3/16-12UNF	15.6/26.6
54	钢/钨	180	140	1-3/16-12UNF	18.3/30.5
86	铅	180	140	1-5/8-6ACME	58

（6）电缆加重重量与井口压力关系见表 3-4-5。

表 3-4-5 电缆加重重量与井口压力关系表

井口压力，MPa	电缆外径，mm		
	ϕ5.6	ϕ8	ϕ11.8
	加重重量（上顶力增加 20kg），kg		
10	>45.1	>71.2	>127.3
20	>70.2	>122.5	>235.5
30	>95.3	>173.7	>343.2
40	>120.4	>225	
50	>145.6	>276.2	
60	>170.7	>327.3	

安全提示： 电缆射孔下井工具应倒角（30°）。

（7）准备工作涉及带压设备、简易防喷设备吊装作业时，操作人员使用长度不少于 15m 的牵引绳控制吊物，防止吊物摆动和旋转，牵引绳不得缠绕在身体任何部位。不得在悬挂的货物下方工作、站立、行走，不许靠近被吊物件或将头部伸进起吊物下方观察情况，不得站在吊物上随同升降。

（8）接受作业队长出发前检查，离开基地前按规定参加"班前会"，知晓本岗位职责、属地管理范围并接受作业队长安排的任务。

二、队伍出发

行车过程中必须主动全程系好安全带。押车人员认真履行职责，全程对行车安全进行监督，押车过程中不得有玩手机、睡觉、影响驾驶员工作等行为。

三、施工前

（1）正确穿戴防静电的劳动防护用品（图 3-3-4）。

（2）在队长引导下，小队全体作业人员阅读入场须知、熟悉作业环境并遵照执行，熟悉井场逃生路线、作业环境和发生险情时的紧急集合点（图 3-3-5）。

（3）严禁带静电、火种、无线通信设备进入作业现场。队长负责督促检查所有操作工关闭手机，与火种一并交出，统一装入手机、火种存放箱

（图 3-3-6）。

（4）参加班前会，知晓本岗位职责、属地管理范围并接受队长安排的任务（图 3-3-7）。

四、布置作业现场

作业区域设置，在装枪区域设置安全警戒带，靠井场出口方向预留出入口。在井场醒目位置摆上警示牌（图 3-3-8）。

五、设置装枪区域

（1）设置装枪区域，在平坦地面上铺上 3～5mm 厚的橡胶垫，在橡胶垫上放置枪架。将封口钳、导爆索切割钳、橡胶锤、锁紧工具、改刀、量尺、卷尺等摆放在橡胶垫上（图 3-3-10）。

（2）领取、清点、组装射孔弹、切割导爆索、安装接头请参照射孔枪装配内容。

六、组装压力安全防爆装置及电雷管

（1）安全防爆装置接头处使用安全接地短路护丝。图 3-4-2 为安全防爆装置实物图。

安全提示：当射孔炮数较多，重复使用压力安全防爆装置时，应对下井使用过的压力安全防爆装置进行清洁、保养、检查和更换密封圈。

（2）压力安全防爆装置适用于电缆传输射孔作业，是用于磁性定位器和射孔枪之间的一种压力安全装置。其工作原理为：在地面或井口时，保证点火线路接地，与电雷管断开，枪串下井达到一定深度时，在井筒内液柱压力的作用下，点火线路与地线断开，并接通电雷管。该装置实现了"先电气后火工"连接的安全操作。

（3）DL-W180-1 耐温电雷管用于油气井电缆传输有枪身射孔作业及其他油气井电缆传输起爆作业中，通电后起爆，输出冲击波，引爆传爆管及导爆索组成的传爆序列。具有良好的防静电、抗杂散电流及防射频能力，对机械冲击及静电较为钝感。该雷管不具有承压结构，不能在井液环境中使用。图 3-4-3 为电雷管实物图。

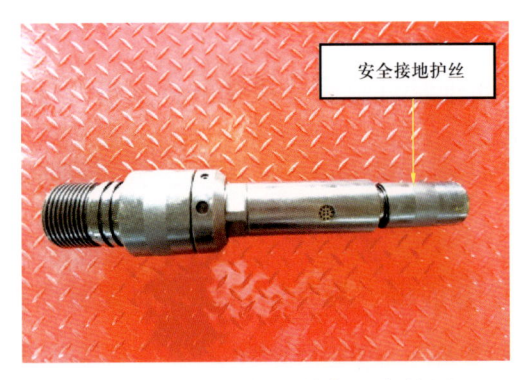

图 3-4-2　安全防爆装置实物图　　　　图 3-4-3　电雷管实物图

（4）雷管：

① DL-W180-1 耐温电雷管无导爆索连接孔，不适合直接与导爆索对接安装。

② DL-W180-1 耐温电雷管不适合与导爆索侧向搭接引爆导爆索。

③ DL-W180-1 耐温电雷管适用于轴向引爆 HMX 装药的传爆管。

④ 该雷管使用时需安装在相应的安全防爆装置内。图 3-4-4 为 DL-W180-1 耐温电雷管装入安全防爆装置示意图。

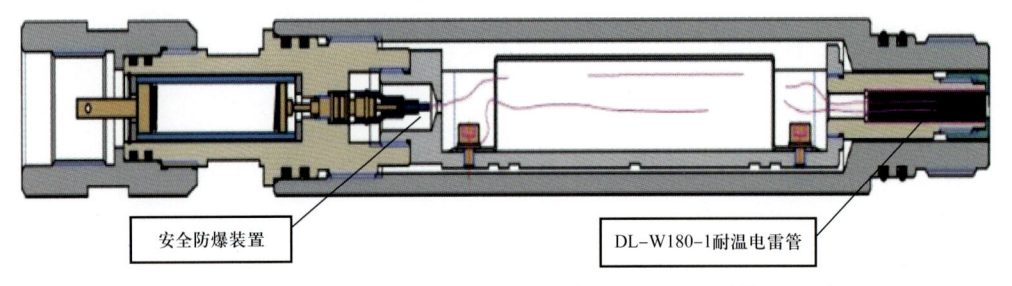

图 3-4-4　DL-W180-1 耐温电雷管装入安全防爆装置示意图

（5）安装雷管前应确认如下内容：

① 所有人员接触电雷管前应有效释放静电，电雷管装配人员应佩戴接地良好的防静电接地护腕后方可直接接触电雷管本体，严禁任何人员直接接触电雷管本体时在井场走动；小队每周对防静电接地护腕电阻值进行检测，并做好记录。

② 关闭仪器车地面仪器电源，保证车体不漏电，车体接地良好，地面仪器选择开关拨到安全挡位。

③ 将安全钥匙开关拨到"关"位置，并将安全钥匙交给雷管安装人员。

④操作工程师坚守操作岗位，严禁无关人员进入操作室。

⑤雷管安装人员接到仪器车安全钥匙后，方可进行雷管的装配。

安全提示：民爆物品保管员和安全防爆装置装配人等操作工有效释放自身静电并全程佩戴"防静电接地手护腕"（图3-4-5）。

图3-4-5　操作工全程佩戴防静电手护腕

警示：

①电雷管使用前不得在地面进行测试，严禁在地面对已连接在射孔枪上或爆炸器材管串上电雷管、点火管进行电阻测量。

②严禁在地面对安装了雷管（点火管）的射孔枪（或爆炸器材串）进行通电检查。

③装有电雷管的管串起出井口时，如果不能判断是否起爆，则需在管串距井口70m时断开仪器电源，拔下点火钥匙，并将地面端缆芯可靠接地，待确定正常起爆或拆除未起爆的电雷管后方可接通仪器电源，所有点火未起爆的电雷管不得再次使用。

（6）一般情况下，ϕ11.8mm电缆一次下井的射孔枪长度，SQ51、SQ60枪不得超过12m（受井架高度限制），SQ73枪不得超过10m，SQ89枪不得超过9m，SQ102枪不得超过7m，SQ127枪不得超过4m。

（7）现场民爆物品归还：首先小队在平板上发出退还申请，并经过网上审批同意。

爆破员和保管员双人将现场防爆箱打开，取出待归还民爆物品并送至运输车；（雷管在归还途中放入防爆箱），交接双方共同清点好待归还民爆物品型号、数量和编码，安全员负责监督，然后将民爆物品装车固定，驾驶员和押运员锁好车门（双人双锁）。双方在民爆物品领取、退还记录本和民爆品使用、领用记录本上签字确认，作业队保管员、安全员、押运员、驾驶员在平板上再次确认，然后运输车离开现场。

七、地面、井口准备

（1）地面工将天、地滑轮、T形卡板和安全链条（钢丝绳）等搬到井架滑道上（图3-4-6）。

图3-4-6　工具搬到滑道上

（2）如果井况需要，请安装简易防喷设备（图3-4-7）。

图3-4-7　简易防喷器实物图

（3）井口工检查天、地滑轮、钢丝绳及锁销，确认完好（图3-4-8）。

（4）测井工将天滑轮安装在游车吊卡上，并锁好吊卡（图3-4-9）。吊卡开口方向背对仪器车方向。将电缆依次穿过地滑轮、天滑轮,拉下天滑轮两侧的电缆限位卡。将张力线及张力传感器带上钻台平面,连接好张力传感器。

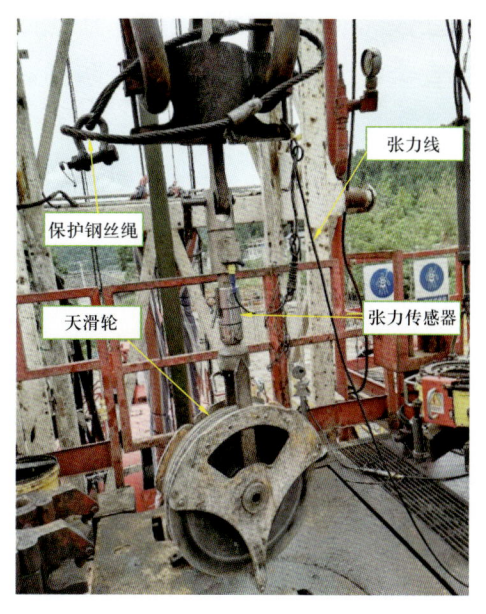

图 3-4-8　检查锁销

图 3-4-9　天滑轮安装

(5)进口工指挥司钻缓慢上起游车,将天滑轮起至距钻台平面约 20m 高度停车。

八、射孔枪串的连接与入井

(1)射孔枪与安全防爆装置连接:

① 操作工程师负责再次确认仪器车地面仪器电源断开,选择"释放""安全"挡位,安全钥匙开关处于"关"位置,钥匙交给雷管安装人员(图 3-4-10)。

图 3-4-10　仪器开关选择

② 射孔枪两侧严禁站人。

③ 根据实际情况，有条件在井口连接射孔枪与压力安全防爆装置的要在井口连接，条件不允许则可以在地面连接。

安全提示： 一旦压力安全防爆装置与射孔枪连接完毕，严禁用任何电器仪表检查连接的通断情况。

（2）下放电缆，待电缆入井 70m 以后方可向地面仪器供电，恢复缆芯连接，使地面系统与电缆、下井仪器等形成通路。

（3）压力安全防爆装置装配人员将安全钥匙交还给操作工程师。

九、起出射孔枪串

（1）射孔枪串起至距井口 100m 时，绞车工减速，队长安排井口工到井口。待起出射孔枪后，盖好井口，下放枪串至地面。

（2）每次射孔枪起至地面后，由射孔队长和现场监督共同检查射孔质量。当射孔弹发射率低于 95% 时，应按规定进行补孔。

十、作业区域清场和离场

（1）测井工在井队的配合下拆卸天、地滑轮。

（2）地面工对施工作业现场的各种废弃物进行清理，并放入指定垃圾箱。

（3）在队长的指挥下，将设备装车。

十一、总结及生产准备

（1）测井工应参加班后会，听取作业队长对本次作业的施工情况、安全情况、风险管控情况、分析施工中遇到的各种问题，提出改进措施。

（2）生产准备内容：

① 协助操作工程师、绞车工对仪器设备、工具进行清洁、润滑和紧固等"十字"作业。对井口、地面工具进行清点、检查和清洁保养，对存在问题的工具应及时进行维修或更换。

② 清点小队常用备件并及时补充。

③ 如实填写使用保养记录。保养完成后填写保养记录、更换记录，确保所有计量、承重设备处于有效合格或检测合格期内。

（3）在完成车辆、仪器、设备和工具的检查和维护保养后，由队长向上级生产管理部门申报待令，准备接受新的任务。

第五节　桥射联作标准化操作

桥射联作是利用电缆将射孔器和桥塞一次下井输送至目的层位，依次完成桥塞坐封和多级点火射孔作业，为储层分段改造创造条件的射孔工艺技术。图 3-5-1 为桥射联作作业流程图。

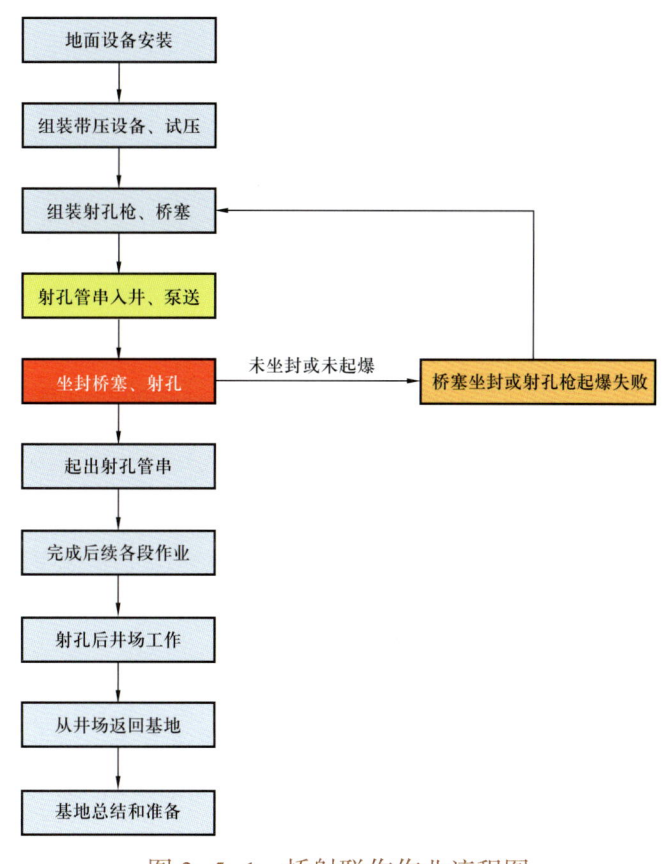

```
地面设备安装
    ↓
组装带压设备、试压
    ↓
组装射孔枪、桥塞 ←──────┐
    ↓                    │
射孔管串入井、泵送        │
    ↓                    │
坐封桥塞、射孔 ──未坐封或未起爆──→ 桥塞坐封或射孔枪起爆失败
    ↓
起出射孔管串
    ↓
完成后续各段作业
    ↓
射孔后井场工作
    ↓
从井场返回基地
    ↓
基地总结和准备
```

图 3-5-1　桥射联作作业流程图

一、出发前准备

（1）确认射孔作业人员应持有的证件，包括爆破作业人员许可证（爆破员）、井控培训合格证或国际井控培训合格证（IADC）、HSE 培训证等有效证件。

— 175 —

表 3-5-1　物资采购临时需求计划表

需求单位（盖章）：			日期：					编号：				
序号	名称	规格型号	单位	数量	单价	总价	库存	供货时间	项目长	系列	建议厂家	备注
							单位主要领导签字：					
需求单位经办人：			需求单位负责人：					业务主管部门负责人：				
日期：			日期：					日期：				
业务主管领导							日期：					

（2）正确穿戴个人防护用品。检查设备、配件和工具，负责按"物资采购临时需求计划表"中内容，做好射孔器材准备，领全射孔器材，并做到型号、数量满足施工的要求。

（3）接受任务后在基地的生产准备。

（4）队长向所有施工作业人员传达本井作业信息。

提示：桥射联作射孔作业使用 ϕ8mm、ϕ5.6mm 电缆，作业电缆长度绞车滚筒至少保留三层或大于该井射孔底界深度 400m。

（5）地面、井口操作工职责：正确穿戴劳保用品，领取必要消耗材料，核实本岗位的专用工具和辅助器材。

（6）队长指定吊装指挥员指挥吊车将需要装车的设备、器材进行装车，如电缆井口防喷装置拖撬［含注脂泵、空气单元、工具箱、电缆封井器（BOP）、捕集器、防喷管、电缆控制头、法兰等］、桥射联作射孔总装室、射孔器材集装箱、固废回收集装箱等吊装至运输车并固定（图3-5-2）。

图3-5-2　总装室、射孔器材集装箱、固废回收集装箱

提示：所有吊装作业应遵守吊装作业相关要求，按规定使用牵引绳，吊车司机在吊装操作过程中不得离开操作室，吊装指挥人员需佩戴指挥袖标和反光背心，所有人员应处于安全位置。

（7）离开基地时参加生产管理部门召开的三交会。

二、队伍出发

行车过程中必须主动全程系好安全带。押车人员认真履行职责，全程对行车安全进行监督，押车过程中不得有玩手机、睡觉、影响驾驶员工作等行为。

三、施工前准备

(1)正确穿戴防静电的劳动防护用品(图 3-3-4)。

(2)在作业队长引导下,阅读入场须知、熟悉作业环境。并遵照执行,熟悉井场逃生路线、作业环境和发生险情时的紧急集合点(图 3-3-5)。

(3)严禁带静电、火种、无线通信设备进入作业现场。作业队长负责督促检查所有操作工关闭手机,与火种一并交出,统一装入手机存放箱(图 3-3-6)。

(4)参加班前会,知晓本岗位职责、属地管理范围并接受作业队长安排的任务(图 3-3-7)。

四、布置作业现场

作业区域设置,在装枪区域设置安全警戒带,靠井场出口方向预留出入口(图 3-5-3)。

图 3-5-3　作业区域布置

五、设置作业区域

(1)射孔作业区域内应铺放防污染材料(如防渗膜),确保设备器材均在其内,防止地面污染。如果现场对井口有要求,应对井口进行相应的防污染措施。警示牌面向井场入口,静电释放桩安装在装枪区入口处、连枪区入口处、总装房内装枪平台、民爆物品临时存放区域入口处(图 3-5-4)。人员在进入作业区域前通过静电释放桩释放静电,触摸 3~5s 或观察显示灯由红色变为绿色。接触电雷管类民爆物品前必须佩戴有效接地的静电释放手环、手套或护腕等。

图 3-5-4 作业区域布置

（2）将桥射联作工作室吊放到指定位置，检查视频监控设备，确保其工作正常（图 3-5-5）。

图 3-5-5 桥射联作总装室

（3）将射孔器材集装箱、固废回收集装箱等吊装摆放在指定位置（图 3-5-6）。

图 3-5-6 射孔器材集装箱、固废回收集装箱

六、地面准备

（1）作业队长指挥设备运输车驾驶员将设备运输车摆放在方便吊装的位置。

（2）绞车操作工指挥仪器车驾驶员摆放仪器车，绞车滚筒距井口的距离不小于25m，中间无障碍物，保证绞车操作工视线良好。

（3）安装井口设备前，作业队长应在井口附近巡回检查，清除井口附近妨碍施工的杂物。若井口附近有阻碍射孔施工的交叉作业，应勒令停止。

（4）测井队现场吊装指挥人员指挥吊车司机和操作工将防护隔离装置、注脂液控装置、空压机等吊卸到井口附近平地上，同时应满足注脂控制管汇的长度。

安全提示：

① 注脂液控装置摆放时处于隔离装置外且背对井口。

② 禁止将注脂液控装置摆放在放喷管线上。

③ 空压机、密封脂桶等设备应放置于平坦且方便操作的位置。

（5）井口操作工应佩戴护目镜、系好安全带，安装工具系上保险绳，含硫井应佩戴硫化氢检测仪、空气呼吸器等。上钻台时必须扶好梯子护栏（图3-5-7）。

图3-5-7 个人防护

（6）井口操作工确认井口无泄漏，检查并清洁压裂井口的法兰端面和钢圈槽并涂抹上润滑脂。

（7）井口操作工检查法兰、钢圈外观，确认钢圈为新钢圈且法兰与钢圈型号相符，安装钢圈到压裂井口法兰上。

（8）井口操作工装上固定螺栓，先紧固4颗对称螺栓，然后再对称紧固剩余螺栓，确保上下法兰密封面平整。

安全提示：

① 指派吊装指挥员指挥吊装作业，防止配合不当造成人员伤害、设备损伤。

② 在紧固螺栓时，工具应系好尾绳，防止工具脱手伤人。

③ 井口操作工安全带应高挂低用（图3-5-8）。

图3-5-8 安全背带高挂低用

④ 吊装作业应使用吊装护帽，吊装护帽应紧固到位。

⑤ 井口吊装与安装作业时，井口操作工应待吊装设备吊至井口安装附近位置平稳后，再进行安装与紧固。

⑥ 防喷管与井口捕集器（防落器）连接时，应先将防喷管下至距捕集器上方0.3m左右尽量对正停稳后，井口操作工方可靠近、扶正连接。

七、射孔管串装配基本规定

(一)民爆物品使用管理

民爆物品运输车押运员和驾驶员就位,双人用各自钥匙(双人双锁),打开车门,押运员和保管员共同清点民爆物品型号和数量,安全员在一侧负责监督(图3-5-9);清点完毕后,双方在民爆物品领取、退还记录本和民爆物品使用、领用记录本上(某些区块仍然要记录备查)签字,作业队负责民爆物品的保管员、监督员及押运员、驾驶员在平板上扫脸确认。保管员与爆破员共同清点民爆物品型号、数量和编码,然后办理交接手续。

图3-5-9 民爆物品使用管理

(二)装配导线式模块射孔枪

图3-5-10为射孔管串示意图。

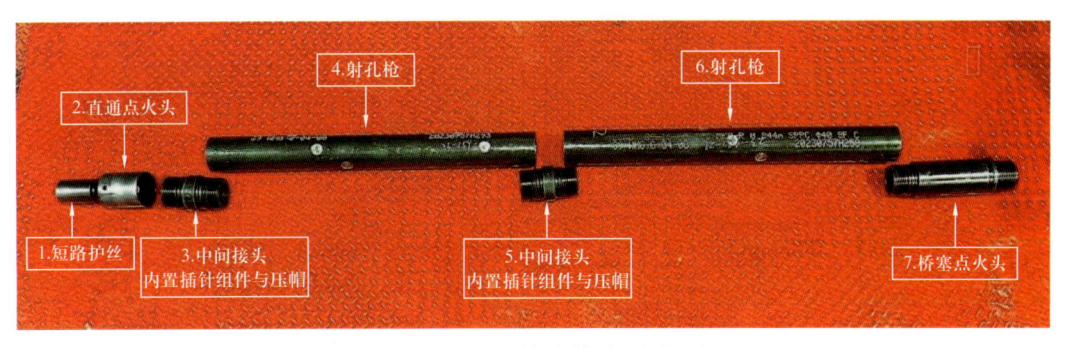

图 3-5-10　射孔管串示意图

1. 装配前准备

1）检测插针阻值（图 3-5-11）

步骤：

（1）短接表笔，记录下欧姆表自身阻值。

（2）欧姆表与检测工装两端金属部分可靠连接，将欧姆表调到电阻量程最小的挡位。

（3）将中间插针两端金属杆放在检测工装黄铜支架上，用手轻压中间插针确保其与检测工装贴紧，读出中间插针阻值，中间插针阻值＝读出阻值－欧姆表自身阻值。

图 3-5-11　检测插针阻值

（4）中间插针阻值≤2Ω，则正常使用；中间插针阻值＞2Ω，不能用。

注意：初次检测，若出现阻值＞2Ω，可按如下方式操作：

（1）确保中间插针两端金属杆与工装紧贴后再次检测。

（2）选择中间插针金属杆上其他位置测量。

2）检测枪身选发（图 3-5-12）

步骤：

（1）分别用电缆线连接测试面板上的"地"和"缆芯"端口。

（2）接地缆线与枪身接触，接缆芯线与固定环中心黄铜触点接触。

图 3-5-12　检测枪身选发

（3）依次点击测试面板上的"打开电源""级联"，当面板上出现选发块 ID 地址，显示为"在线"时，则枪身选发正常。

注意：当单根枪检测时，面板上出现"级联：错误"，属正常现象；

当两根及其以上枪管连接后检测，面板上则不会出现任何错误提示。

3）检测触点式选发点火器

触点式点火器选发的检测参考"1）检测插针阻值"。缆线连接如图 3-5-13 所示。

图 3-5-13　检测触点式点火器选发

4）检测枪头通断

枪头为触点式连接，检测通断方法与分簇射孔类其他点火头相似，芯件阻值≤2Ω，壳体与芯件之间阻值≥200MΩ。

2. 装配

1）枪身装配

（1）拆卸枪管内卡簧（图 3-5-14、图 3-5-15）。

图 3-5-14　拆卸枪管卡簧位置

图 3-5-15　卡簧拆卸

注意：正常作业过程中，整个施工过程只需拆卸或装配有通键槽一端的卡簧。

（2）装配弹架（图 3-5-16）。

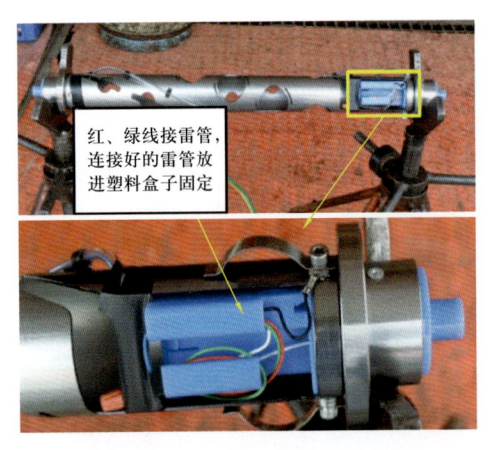

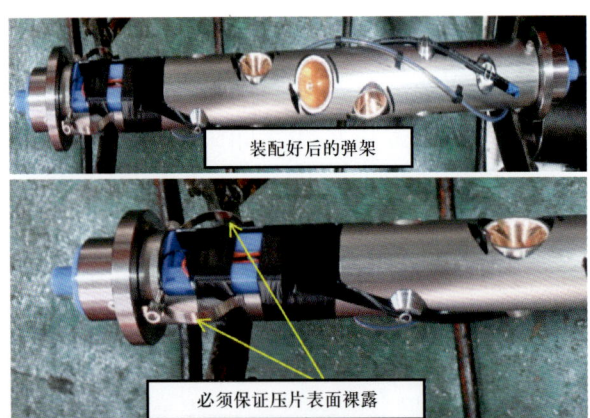

图 3-5-16 装配射孔弹架

① 将弹架从枪管通键槽一端取出，并目测确认缠绕在弹架上的导线牢固、无破损。

② 装配射孔弹、导爆索和雷管。

③ 用绝缘胶布将雷管固定，导爆索或者弹架表面的导线在有需要的地方用绝缘胶布固定。（固定的目标是：雷管在作业过程中不会松动，导爆索和导线不会在弹架送入枪管时被枪管内壁损坏。）

注意：弹架上的金属压片，必须保证其始终裸露，装入枪管后能与枪管内壁导通。

（3）弹架与枪管装配。

① 将装配好的弹架从有通键槽的一端送入枪管。

② 用卡簧钳将卡簧装进入原来的位置（图 3-5-17）。

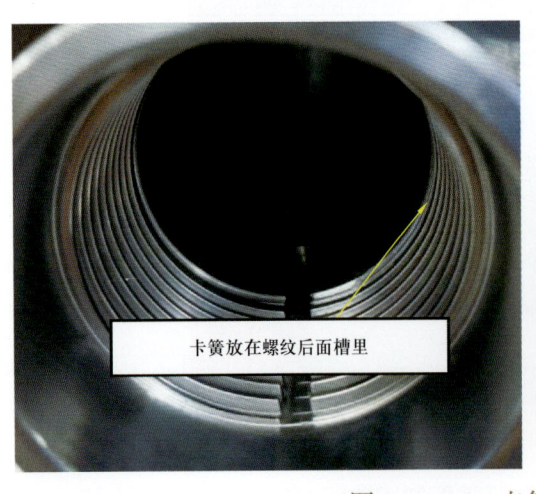

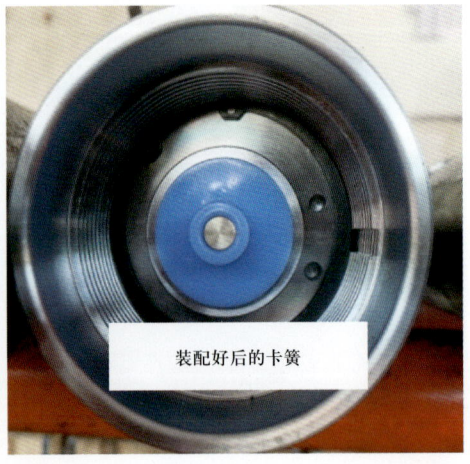

图 3-5-17 卡簧放置位置

注意：若卡簧钳能带动卡簧在枪管内转动，则说明已装配到位。

2）中间接头装配（图 3-5-18）

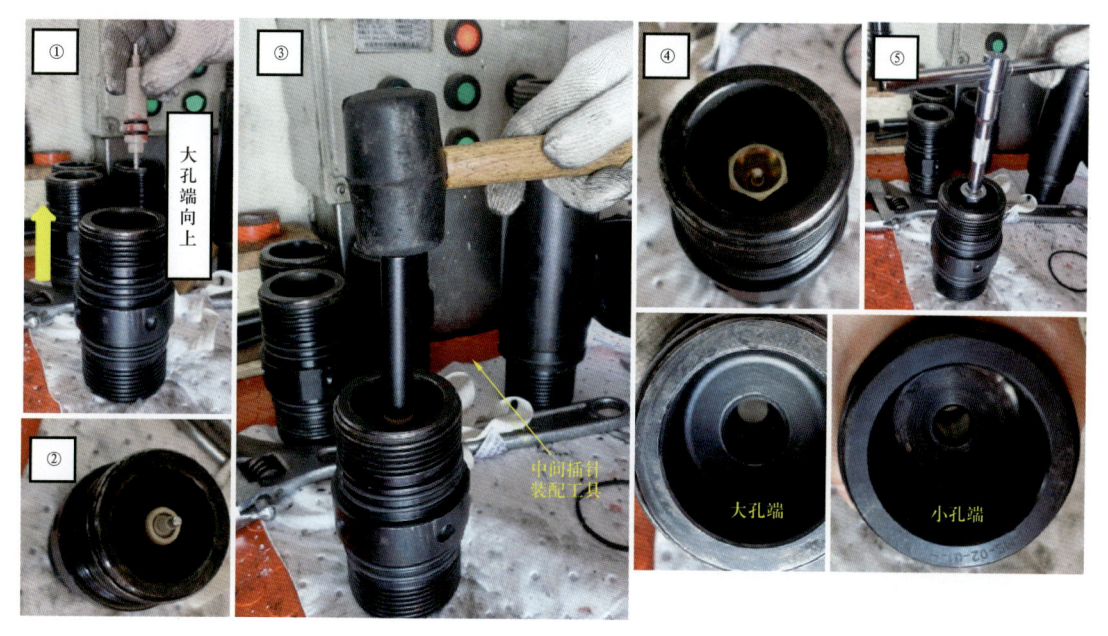

图 3-5-18　中间接头装配

步骤：

（1）中间接头大孔端（口部有螺纹的那端）向上放置，将涂抹好润滑油的中间插针放进中间接头大孔。

（2）将中间插针装枪工具放置在插针上，用手锤向下敲击。

（3）压帽装配到中间接头大孔端，并用配套的套筒扳手上紧压帽。

注意：手锤敲击时切忌太用力，否则有将插针外壳敲碎的风险；压帽必须用套筒扳手上紧，否则会在下井后，压帽会有脱落的风险。

3）桥塞点火头外壳装配（图 3-5-19）

步骤：

（1）将触点式选发点火器与桥塞点火头外壳装配。

（2）装配好火工品的 20# 点火仓与桥塞点火头外壳装配。

注意：触点式选发点火器装配必须到位，否则有无法选发点火的风险；触点式选发点火器内民爆物品，桥塞民爆物品必须配备齐全。

4）枪串装配

枪串连接顺序：直通点火器→中间接头→第一根枪→中间接头→第二根

枪→中间接头→……→最后一根枪→桥塞点火头→接20常规桥塞工具或者速装桥塞工具。

图 3-5-19　桥塞点火头外壳装配

注意：中间接头有压帽的一端，必须与枪管有通键槽一端连接（图 3-5-20）。

图 3-5-20　中间接头与枪管连接

（三）现场民爆物品归还

首先小队在平板上发出退还申请，并经过网上审批同意；爆破员和保管员双人将现场防爆箱打开，取出待归还民爆物品并送至运输车（雷管在归还途中放入防爆箱），交接双方共同清点好待归还民爆物品型号、数量和编码，安全员负责监督，然后将民爆物品装车固定，驾驶员和押运员锁好车门（双人双锁）。双方在民爆物品领取、退还记录本和民爆品使用、领用记录本上签字确认，作业队保管员、安全员、押运员、驾驶员在平板上再次确认，然后运输车离开现场。

八、坐封工具装配方法和步骤

（1）操作工将桥塞工具抬至枪架上，清洁桥塞工具，检查桥塞工具外观。

（2）桥塞工具组件如图 3-5-21 所示。

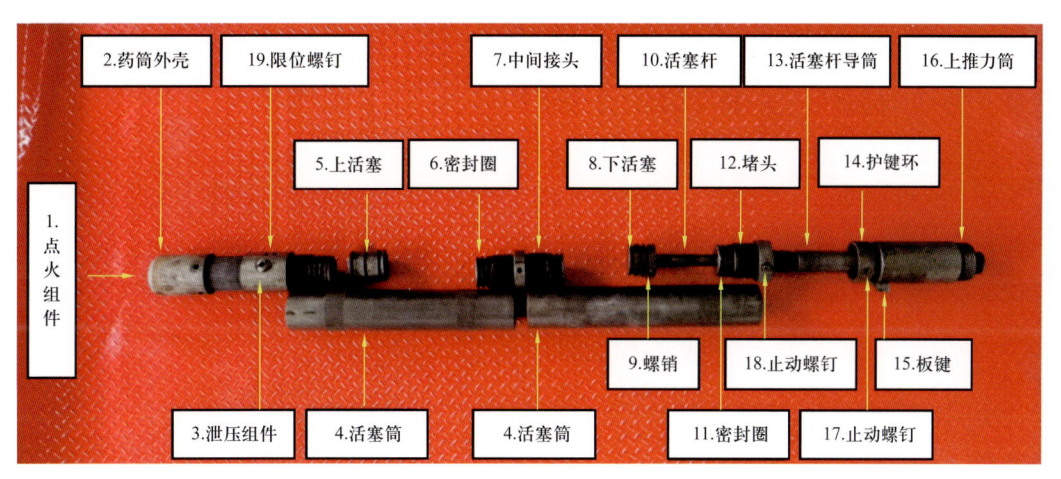

图 3-5-21　桥塞工具组件

（3）桥塞工具技术参数见表 3-5-2。

表 3-5-2　技术参数

项目			参数
产品代号			KHR97-E
连接扣形	上端	药筒外壳	$2^{7}/_{8}$-6Acme（B）
		点火药室	2-12UN-LH（P）

续表

项目			参数
连接扣形	下端	上推力筒	$3\frac{1}{2}$-6Acme（P）
		活塞杆导筒	2-6Acme（P）
耐压			105MPa
最大坐封行程			254mm
外径			ϕ97mm
长度			1905mm

（4）装配：

① 将所有零件拆开，泄压组件（3）拆卸前将限位螺钉（19）拧出，再将压紧螺母（2-1）（见图3-5-32泄压组件结构示意图）拧下。

② 将上推力筒（16）放置到台虎钳上。

③ 用井下润滑油或硅脂润滑上推力筒（16）和活塞杆导筒（13），并将活塞杆导筒（13）插入上推力筒（16）中。

注：活塞杆导筒的长螺纹端朝向工具的顶部。

④ 润滑活塞杆（10）并将活塞杆（10）插入活塞杆导筒（13）中（注：小段朝上），旋转活塞杆（10）使活塞杆（10）的键槽与活塞杆导筒（13）及上推力筒（16）的键槽对齐。

⑤ 将板键（15）插入键槽中。

⑥ 将护键环（14）套到板键（15）和上推力筒（16）上，直至其顶住上推力筒（16）。

⑦ 转动护键环（14），露出上推力筒（16）上螺纹孔，并将止动螺钉Ⅰ（17）旋入上推力筒（16），装配后上下拉动活塞杆导筒（13），应能灵活滑动（图3-5-22）。

⑧ 取两件O形圈ϕ28.17×3.53（11）和两件O形圈ϕ66.04×5.33（6）装入堵头（12）的密封槽中，并用硅脂润滑（润滑脂应为能承受作业井井温的高温硅脂或润滑脂）。

⑨ 将活塞杆（10）穿过堵头（12），并将活塞杆导筒（13）旋入堵头（12）螺纹孔内，并装入止动螺钉Ⅱ（18）（图3-5-23）。

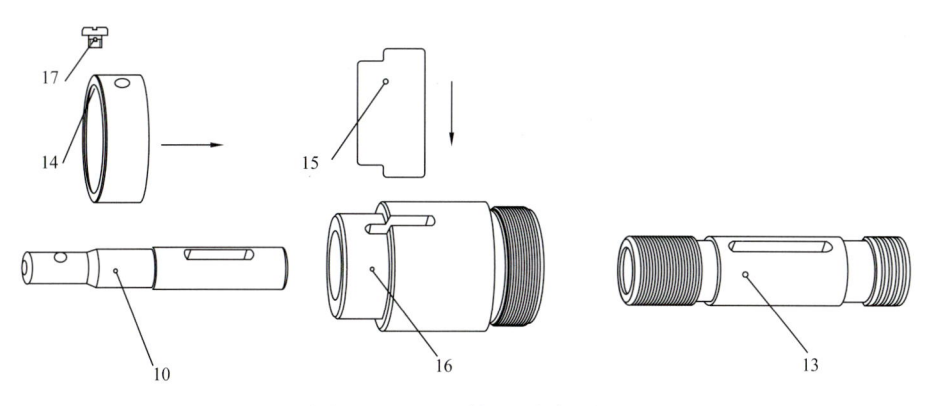

图 3-5-22 装配示意图 1

10—活塞杆；13—活塞杆导筒；14—护键环；15—板键；16—上推力筒；17—止动螺钉Ⅰ

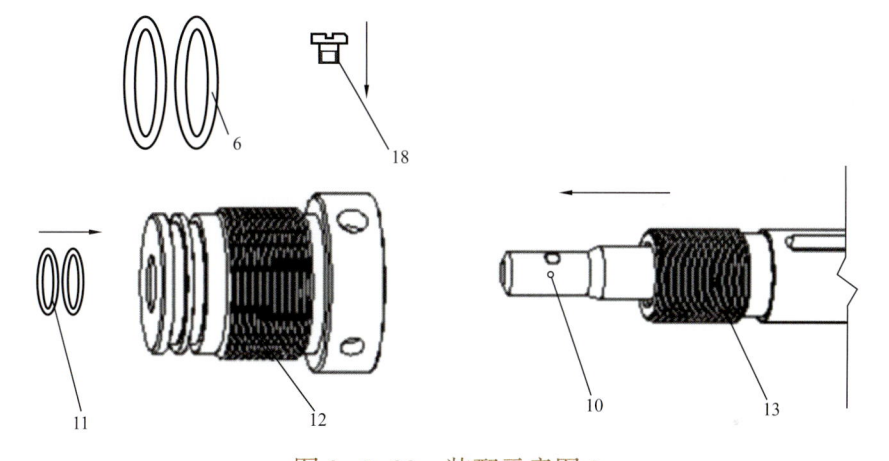

图 3-5-23 装配示意图 2

6—O 形圈 $\phi 66.04 \times 5.33$；10—活塞杆；11—O 形圈 $\phi 28.17 \times 3.53$；12—堵头；13—活塞杆导筒；
18—止动螺钉Ⅱ

⑩ 将下活塞（8）安装到活塞杆（10）上，并用螺销（9）固定。

⑪ 推送堵头（12），直至其顶住上推力筒（16）。

⑫ 在下活塞（8）的密封槽中装入 3 个 O 形圈 $\phi 66.04 \times 5.33$（6）并润滑，将 1 件活塞筒（4）套过下活塞（8）后旋到堵头（12）上。

注：堵头（12）旋入前，推送堵头（12）使其抵住上推力筒（16），堵头（12）旋入过程中不断推送上推力筒（16），使其与堵头（12）始终保持抵紧。

⑬ 装配后拉动上推力筒（16），下活塞（8）应能在活塞筒（4）内自由、顺畅地运动，否则不允许使用，需拆卸工具查找原因并按以上步骤重新装配（图 3-5-24）。

⑭ 将工具从台虎钳上移下，并把药筒外壳（2）夹到台虎钳上。

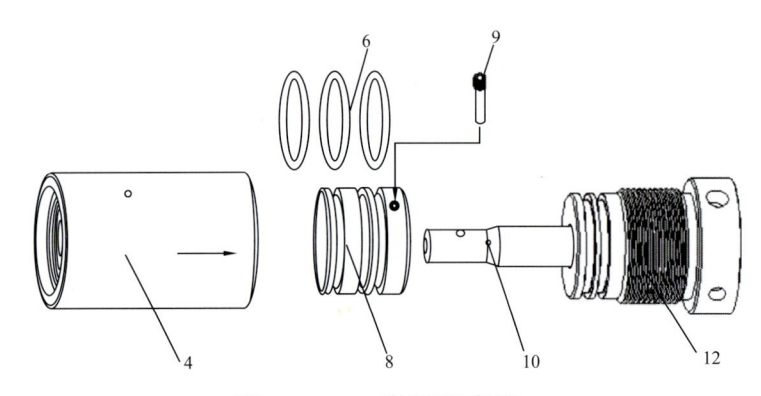

图 3-5-24　装配示意图 3

4—活塞筒；6—O 形圈 $\phi66.04\times5.33$；8—下活塞；9—螺销；10—活塞杆；12—堵头

⑮ 将两件 O 形圈 $\phi66.04\times5.33$（6）装入药筒外壳（2）的密封槽中，涂抹适量润滑脂，并将药筒外壳（2）拧入活塞筒（4）中。

⑯ 将三件 O 形圈 $\phi66.04\times5.33$（6）装入上活塞（5）的密封槽中，并涂抹适量润滑脂。用 $\phi20mm$ 的铝棒将上活塞（5）推入活塞筒（4）底部（图 3-5-25）。

注意：有锥面的一端向内，同时必须保证活塞筒端面与浮动活塞距离为 359mm。敲击过程中注意上活塞运动应顺畅，否则取出上活塞检查上活塞或活塞筒是否有损坏。当上活塞到位后检查活塞筒内孔是否有损伤，如果在敲击过程中损伤了活塞筒内孔则停止使用。

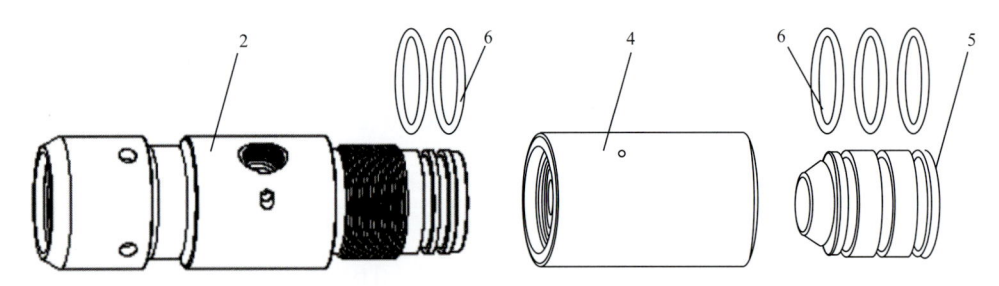

图 3-5-25　装配示意图 4

2—药筒外壳；4—活塞筒；5—上活塞；6—O 形圈 $\phi66.04\times5.33$

⑰ 将上面组装好的零件竖直放在地上，将干净的 10#～40# 机油灌入活塞筒（4）中，液面距活塞筒上端面距离见表 3-5-3。

⑱ 将四件 O 形圈 ϕO 形圈 $\phi66.04\times5.33$（6）装入中间接头（7）两端的密封槽中，并涂抹适量润滑脂，再将中间接头（7）拧入活塞筒（4）中（注意：将小孔端对着油面拧入）。

⑲ 将工具的上下两部分相连并拧紧各接头。

表 3-5-3　加油油量表

温度 T，℃	距离 H，mm
$T \leqslant 93.3$	102
$93.3 < T \leqslant 135$	114
$135 < T \leqslant 176.7$	127
$176.7 < T \leqslant 204.4$	140

⑳ 将两件 O 形圈 $\phi 37.43 \times 5.33$（1-3）、两件 O 形圈 $\phi 46.99 \times 5.33$（1-6）装入点火药室（1-4）的密封槽中，并涂上润滑脂，将 1 件 O 形圈 $\phi 12.37 \times 2.62$（1-2）装入点火药室（1-4）端面的密封槽中。将桥塞点火器装在点火药室小孔内，压住 O 形圈 $\phi 12.37 \times 2.62$（1-2）。图 3-5-26 为点火组件结构。

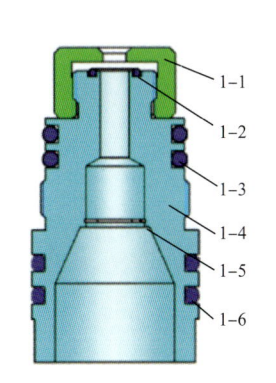

序号	零件代号	名称	数量
1-1	KHR97-B/1-01	压帽	1
1-2	CETC2-112	O 形圈 $\phi 12.37 \times 2.62$	1
1-3	CETC2-325	O 形圈 $\phi 37.47 \times 5.33$	2
1-4	KHR97-B/1-02	点火药室	1
1-5	KHR97-B/1-03	铜挡圈 20	1
1-6	CETC2-328	O 形圈 $\phi 46.99 \times 5.33$	2

图 3-5-26　点火组件结构

㉑ 将压帽（1-1）拧紧在点火药室（1-4）上，并打紧，使其压紧 O 形圈 $\phi 12.37 \times 2.62$（1-2）。图 3-5-27 为点火药室。

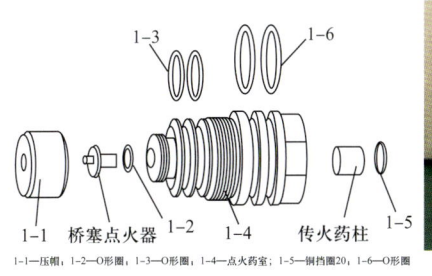

1-1—压帽；1-2—O 形圈；1-3—O 形圈；1-4—点火药室；1-5—铜挡圈 20；1-6—O 形圈

图 3-5-27　点火药室

㉒ 将传火药柱从点火药室（1-4）的喇叭口的一端装入，并将铜挡圈 20（1-5）卡入点火药室（1-4）的卡圈槽中。

㉓ 将组装好的点火组件装入点火头。

㉔ 去掉主装药上的橡胶密封盖后,将主装药装入药筒外壳。图 3-5-28 为桥塞主装药。

图 3-5-28 桥塞主装药

提示:有绿色传火药柱的一端朝向工具顶端。

㉕ 将组装好的桥塞工具与桥塞和射孔枪进行连接。图 3-5-29 为连接射孔枪和桥塞示意图。

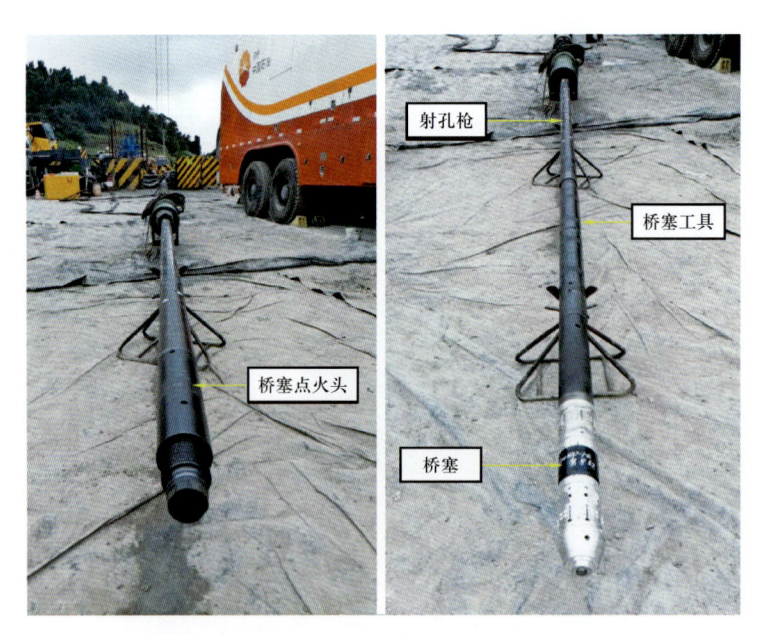

图 3-5-29 连接射孔枪和桥塞示意图

九、入井施工作业

（1）上起防喷管。

① 吊装指挥员指挥吊车缓慢上起，将防喷管串起直（图 3-5-30）。

图 3-5-30　起吊防喷管

② 在吊车缓慢上起期间，绞车操作工应根据吊车上起情况，下放电缆，使电缆处于松弛状态。

③ 操作工注意理顺管线和清洁电缆，防止打扭。

④ 吊装作业时，操作工应处于安全位置，防止设备受损和人员伤害。

（2）下放入井管串。

（3）测井校深。

（4）泵送入井管串。

（5）坐封桥塞、射孔。

（6）起出管串。

① 全部点火成功后，绞车操作工上起射孔管串。

② 绞车操作工缓慢下放电缆，操作工将入井管串拉出防喷管。

③ 地面操作工拆开桥塞坐封工具和射孔枪串，将坐封工具搬至安全位置泄压、拆卸、保养、组装。

④ 地面操作工从下到上依次拆开射孔枪串，直至 CCL 下端连接扣处拆开，戴好相应护丝。

⑤ 地面操作工将 CCL 从电缆帽上拆除，检查 CCL 完好后，将电缆帽拉出（至少将打捞头以上 5m 电缆拉出），检查电缆及电缆帽情况（外观、通断、

绝缘等），确保满足施工要求。

提示：上倾井（井斜大于96°）作业，每趟作业后应进行电缆检查。若电缆变形或受损，则重新制作电缆帽。

⑥ 地面操作工将加重、打捞帽等管串拉出防喷管，紧固连接部位。

⑦ 井斜小于96°井每正常作业3趟后应重新制作电缆帽。

十、桥塞工具泄压方法

工具使用后内腔有高压气体，必须按本泄压程序进行泄压后方可拆除其他仪器。若不按所述方法进行泄压，可能会对操作者造成人身伤害。泄压操作必须在通风良好的地方进行。

安全提示：在进行泄压时，操作工必须佩戴防护面罩（图3-5-31）。在气压没有完全泄掉之前，不能对工具进行运输。

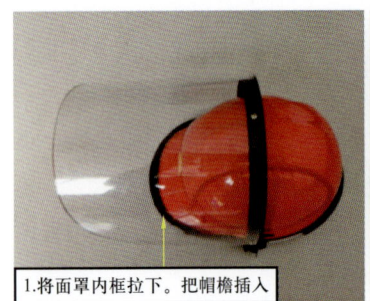

图 3-5-31　佩戴防护面罩

（1）将工具平放在地上。

（2）翻转工具，在药筒外壳（2）上找到泄压组件（3）及泄压小孔，滚转工具，使泄压小孔45°向下。泄压小孔一侧不得有任何人员，泄压操作员站在泄压小孔的另外一侧。图3-5-32为泄压组件结构示意图。

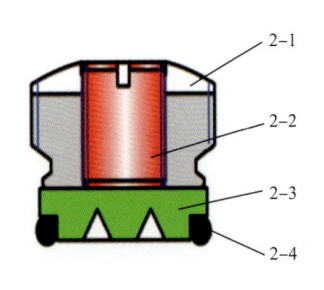

序号	零件代号	名称	数量
2-1	KHR97-E/1-01	压紧螺母	1
2-2	KHR70-A/2-02	防砂螺钉	1
2-3	KHR70-A/2-03	破裂盘	1
2-4	CETC2-213	O形圈$\phi 23.39 \times 3.53$	1

图 3-5-32　泄压组件结构示意图

（3）用平口起子拧出防砂螺钉（2-2）。

（4）将十字扳手 D 端旋入压紧螺母（2-1）螺纹孔内，旋转扳手使其与破裂盘（2-3）抵紧，继续向内旋入扳手，直至破裂盘（2-3）被刺破，气体从泄压孔中排除。

注：向内旋入十字扳手时，先将扳手向内旋紧，再向外旋松，然后继续向内旋入。

（5）保持十字扳手不动直至无气体排出，继续向内将泄压组件扳手旋到底，确保工具内气体已全部排出，方可进行拆卸等其他操作。

（6）如果十字扳手已经向内完全拧紧但仍没有气体泄出，则小心将泄压组件扳手向外旋松。

注：不得完全拧出，并且压紧螺母（2-1）不得跟着旋转。

（7）重复步骤（1）～（6），直至工具内气体泄出。

安全提示：任何时候都不得将手放在泄压孔上方，泄压组件及泄压小孔不得对准有人的方位。

十一、拆卸井口带压防喷系统及装车

（1）待所有施工作业完成后，按照组装井口带压防喷系统作业程序的反程序拆卸井口带压防喷系统并装撬上车固定。

（2）地面操作工对施工作业现场的废弃物按含油废物、工业垃圾、生活垃圾进行清理分类打包，再放入指定垃圾箱后装车带回基地统一交给有资质的单位进行处理。

（3）施工作业现场清理完成后，地面应无油污、油迹、油渍。

十二、总结及生产准备

（1）测井工应参加班后会，听取作业队长对本次作业的施工情况、安全情况、风险管控情况、分析施工中遇到的各种问题，提出改进措施。

（2）生产准备内容：

① 协助操作工程师、绞车工对仪器设备、工具进行清洁、润滑和紧固等"十字"作业。对井口、地面工具进行清点、检查和清洁保养，对存在问题的工具应及时进行维修或更换，（特别是穿芯加重外观磨损检查、坐封工具使用次数检查等）。

② 清点测井队常用备件并及时补充。

③ 如实填写使用保养记录。保养完成后填写保养记录、更换记录，确保所有计量、承重设备处于有效合格或检测合格期内。

（3）在完成车辆、仪器、设备和工具的检查和维护保养后，由作业队长向上级生产管理部门申报待令，准备接受新的任务。

第四章　应急管理知识

第一节　应急处置

一、测井公司应急管理办法简介

测井公司各分公司、项目部的应急处置程序应严格按照《中国石油集团测井有限公司安全生产应急管理办法》（测井生产〔2020〕12号）的要求进行编制，上述管理办法中所指的安全生产应急管理是指应对事故灾难类突发事件而开展的应急准备、监测、预警、应急处置与响应和应急评估等全过程管理。

（一）应急管理原则

安全生产应急管理坚持以人为本、应急准备与应急响应相结合的原则，建立、健全、落实安全生产应急工作责任制，主要负责人对本单位的安全生产应急工作全面负责。

（二）应急培训

（1）岗位员工应急培训的重点是：安全操作、应急反应、自救互救、第一时间初期处置与紧急避险能力。

（2）新上岗、转岗人员必须经过岗前应急培训并考核合格。

（3）应急培训包括：应急预案培训、应急知识和技能培训等。

（三）应急演练

各单位应有计划地针对应急预案开展生产安全事故应急演练活动。应急演练按照演练内容分为综合演练和单项演练，按照演练形式分为现场演练和桌面演练，不同类型的演练可相互组合。

（四）应急处置

各单位生产、作业现场的作业队（班组）是突发生产安全事故应急初期处置的主体。突发紧急状况下，生产、作业现场的带班人员、班组长（或作业队长）是现场应急指挥第一责任人。

二、井控事件（溢流、井喷、硫化氢）应急处置

（一）溢流产生的原因

因钻井液密度低、测井时井内未灌满钻井液、钻井液漏失、抽汲等原因，造成地层压力高于井筒钻井液液柱压力，从而使地层流体进入井筒，导致井口发生溢流现象。溢流是井喷的前兆，如控制不及时而引起井喷，可能造成现场及周边人员伤亡、财产损失、测井设备损坏、土壤、水源等污染。

（二）裸眼井（电缆测井）应急处置

（1）当听到钻井队发出的一声长鸣笛的溢流报警信号或测井作业队人员发现溢流、井涌等异常现象后，第一发现人要立即向作业队长报告。作业队长启动应急处置程序后，岗位人员各司其责，听从作业队长统一指挥。对于不同的井控（事故）事件，测井工对应的应急处置措施也不相同。

（2）溢流可控：

测井工应及时准备好电缆悬挂器和井控专用断缆钳，以备紧急状态下，听从相关方的命令剪断电缆；仪器起出井口后，作业队将仪器、井口设备收回，安全撤离井场。

（3）溢流扩大：

当作业队长接到相关方剪断电缆的指令，测井工应在条件允许的情况下，安装好电缆悬挂器，将电缆坐挂成功，确认井下仪器断电后剪断电缆，拆除吊卡上相关井口设备，指挥钻井队将钻具与电缆悬挂器本体连接好，撤离至应急集合点。作业队应尽可能将仪器、设备转移至安全地带。

（4）井喷：

若测井过程突发井喷事件，现场测井人员迅速逃生。如有人员受伤，立即进行急救并拨打120急救电话，或将伤者送往最近的医院进行救护。

（三）钻具传输（含过钻具存储式）测井应急处置

当测井作业队人员听到钻井队发出溢流报警信号或发现溢流、井涌等异常现象后，第一发现人要立即向作业队长报告。

（1）如果旁通已经入井，应执行以下操作流程：

① 绞车工立即下放电缆，同时钻井方当班司钻立即下放游车，至上单根钻杆的下部接头刚入井时停止下放。测井工使用电缆悬挂抱箍装置将电缆固定在上单根钻杆接头上部，同时相关方可先关闭球形防喷器反推重浆，临时控制井口并观察井口有无异常情况。

② 绞车工下放少许电缆，测井工检查确认固定在电缆悬挂抱箍装置上的电缆已固定好。测井工使用牵引绳固定缠绕电缆悬挂抱箍装置上方电缆，避免剪断电缆后，上部电缆滑脱伤人，完毕后立即用井控专用断缆钳剪断电缆。

③ 电缆剪断后交井，钻井队将电缆悬挂装置下过封井器后实施关井程序。

（2）如果旁通未入井，应执行以下操作流程：

① 井口值班人员立即撤离钻台后交井。

② 钻井队按关井程序控制井口。

③ 应尽可能将仪器、设备转移至安全地带。

（3）过钻具存储式测井及过钻头存储式测井井控应急处置程序参考此流程执行。

（四）（电缆射孔）应急处置

（1）坐岗人员发现溢流后及时向队长汇报。

（2）测井工及时准备好井控专用断缆钳，以备紧急状态下，听从命令剪断电缆。如需切断电缆，剪断电缆后至应急集合点。

（3）如有火工品，装炮工将火工品转移至安全区域，并监护。

（4）完成应急处置后，跟随作业队长撤出危险范围。

（五）突发硫化氢等有毒气体中毒事故

（1）当气体检测仪（硫化氢监测仪）发出警报，或收到井队硫化氢等有毒气体报警时，井口值班人员要立即向队长汇报。

（2）立即停止作业，听从作业队长指挥迅速撤离现场到上风安全地带。

（3）若有人员滞留现场，队长组织人员佩戴好气体检测仪和正压式空气呼吸器后，返回寻找。

（4）若有人员中毒，迅速将中毒者转移到上风安全地带进行急救并拨打120求救，或将伤者送往就近的医院进行救护。

（5）安全提示：开展营救工作时，营救人员应至少2人。

三、放射性事故应急处置

在放射源储存、运输和测井作业过程中，因存储设备存在隐患、监控或报警系统故障、人员违章操作等原因，可能导致放射源丢失；因放射源外壳破损、密封圈失效等原因产生放射源泄漏；装卸源作业时未严密遮盖井口、放射性作业时电缆断裂、含源仪器遇卡等原因可能造成放射性源落井。以上事故可能引发人员伤害、环境污染、井筒报废等。测井工应急处置程序如下：

（一）放射源丢失

（1）发现者立即向作业队长汇报，作业队长将基本情况上报项目部应急值班室。

（2）作业队长组织全队人员，采取有效个人安全防护措施，佩戴好放射性剂量计，积极配合当地环保及公安部门寻找放射性源。

（3）丢失的放射源找回，确认放射源外观正常，经检测未发生泄露后，对放射性源进行回收。如源体损坏，立即疏散附近人员，采取隔离措施，防止人员受照射。

（二）放射源泄漏或误照射

（1）发现者立即向作业队长汇报，作业队长立即上报项目部应急值班室。

（2）作业队长组织人员在穿戴防护用品的情况下，利用辐射探测器测量出辐射安全范围，设立安全警戒区，禁止无关人员进入。

（3）听从分公司应急组统一指派，配合做好相应的应急工作。应急处置时应尽量避免破坏现场，以免放射性泄漏扩大。

（4）协助对受照原因和泄露原因进行调查，确保事故污染现场达到安全水平。

（三）放射源落井

（1）发现者立即向作业队长汇报，作业队长立即上报项目部应急值班室。

（2）通知钻井队，停止一切井筒作业活动。做好现场警戒工作，专人负责疏散无关人员。

（3）作业队长指挥，利用自然伽马仪器探测放射源落井深度。应急处置人员按规定穿戴好劳保用品，做好井口辐射监测。

（4）配合工程事故处理人员进行放射源打捞。

（5）现场应急处置结束后，应及时对事件区域及周边场所进行清理，尽快恢复现场正常状态。

四、人身意外伤害事故应急处置

（一）产生原因

在生产过程中，由于人的不安全行为、物的不安全状态、管理的缺陷等因素，从而引发物体打击、高空坠落、触电等人身意外伤害。

（二）处置程序

（1）伤者或发现者应立即大声疾呼，发出急救信号，并根据实际情况立即将伤者脱离危险区域，采取相应的措施进行救护，并报告作业队长。

（2）对于伤势较轻的人员，视伤情及时进行止血、包扎、固定等措施，送往医院治疗；对于伤势较重的人员，不要轻易移动伤者，以免造成再次伤害，应立即拨打120紧急救护。

（3）人员被压在重物下面，立即采取搬开重物或使用起重工具、机械吊起重物，将受伤人员转移到安全地带，进行抢救并拨打120紧急救护。

（4）发生断手、断指等严重情况时，对伤者伤口要进行包扎止血、止痛，离断的手指用消毒或清洁敷料包好，严禁用酒精等消毒液浸泡，放在无泄漏的塑料袋内，扎紧好袋口，并在袋周围放置冰块（或冰棍），或放入装有冰块的容器中。速随伤者送医院抢救。

（5）受伤人员出现呼吸、心跳停止症状后，必须立即进行胸外按压或人工呼吸。

五、工程事故应急处置

（一）井下仪器遇卡

（1）遇卡后，发现者立即向作业队长汇报。

（2）如果不能解卡，则实施电缆穿心打捞，测井工应配合工程事故处理人员进行井下仪器打捞。

（二）电缆跳槽

（1）发现者立即向作业队长汇报。

（2）用电缆悬挂器或"T"电缆卡在井口将电缆固定。如果地滑轮电缆跳槽，则绞车放松电缆，使地滑轮电缆复槽，再将电缆绷紧，拆除固定装置即可。如果天滑轮电缆跳槽，由井队下放游车，使天滑轮电缆复槽，再上提游车至原高度，拆除固定装置。

六、交通事故应急处置

（1）发现者应立即向作业队长汇报。

（2）保护现场，防止火灾或爆炸事故发生；放置警示牌，提醒过往车辆慢行。

（3）如果有伤者被压在车轮下，用千斤顶将车顶起，小心地将作者移到安全地点以便救护。

（4）如果伤者被挤压在驾驶室内，可借助工具撬开车门或击破玻璃救护。

（5）准备车辆、人员、物品，为送伤员到医院治疗。

七、火灾事故应急处置

（一）处置措施

（1）发生火灾，发现人要向其他人发出警报，并第一时间向作业队长汇报。

（2）立即利用现场的消防设施进行自救和控制火势蔓延，正确使用灭火器材或灭火物。如果火势失控，作业队长指派专人拨打119报警电话，并派出人员到主要路口等待引导消防车。在消防人员到达现场后，积极配合其进行灭火。

（3）有人员受困时，在采取保护性措施并确保自身安全的情况下，积极抢救受困人员。

（4）扩大应急：当无法控制火势时，听从作业队长指挥撤离现场，向安全区域撤离。

（二）灭火器的使用

（1）提起灭火器。对于干粉灭火器，使用前应将瓶体上下颠倒摇晃几次，使筒内干粉松动。

（2）拔下保险销。

（3）一手提起灭火器提把，另一手握住喷管。根据风向，站在上风位置。

安全提示：使用二氧化碳灭火器不能用手直接抓住喇叭筒金属连接管，以防止手被冻伤。

（4）用力压下手柄。在距离火焰3～5m处，将喷管对准火焰根部扫射，直至将火全部扑灭。

八、触电事故应急处置

（1）人员发生触电事故时，发现者立即用木棒、绝缘杆等工具使受害人脱离带电体，立即向作业队长报告。

（2）协助操作工程师在事故现场或漏电位置设置安全围栏（警示标志），要保证安全距离，严防二次事故。

（3）如果触电人心跳和呼吸停止，则立即进行胸外按压和人工呼吸，并有专人拨打120急救电话。病人复苏后尚须进行综合治疗。

九、食物中毒事故处置

（1）如果人员出现食物中毒症状：恶心呕吐、腹痛腹泻、头晕乏力等，发现人应立即向作业队长汇报。

（2）协助作业队长了解中毒人数、中毒症状、中毒原因等情况。可将食物进行封存，避免更多人误食，并查明原因。

（3）对中毒不久而无明显呕吐者，可用手指等刺激其舌根部的方法催吐，以减少毒素的吸收。

（4）当中毒者出现呕吐时，为防止呕吐物堵塞气道而引起窒息，应让病人侧卧，便于吐出。中毒者呕吐停止后马上为其补充水分。

（5）当中毒者出现脸色发青、冒冷汗、脉搏虚弱时，要马上送医院，谨防休克症状。

十、中暑应急处置

（1）如果人员出现中暑症状：头痛头晕、胸闷恶心、口干渴、出汗多、四肢酸软无力等，发现者立即向作业队长汇报。

（2）将中暑者立即抬到通风、阴凉、干爽的地方，使其平卧并解开衣扣增加散热，湿衣服要立即更换。可以喝一些藿香正气水，缓解症状。

（3）用冷水擦拭全身，缓慢降低体温。

注意：当体温降至38℃以下时，要停止一切冷敷等强降温措施。

（4）患者仍有意识时，可饮用清凉饮料，在补充水分时，可加入少量盐，宜少量多次，不可急于补充大量水分，否则，会引起呕吐、腹痛、恶心等症状。

（5）如果病人已失去知觉，可指掐人中、合谷等穴，使其苏醒。若呼吸停止，应立即实施人工呼吸。

（6）扩大应急：若人员经治疗未清醒，立即拨打120急救电话，或与就近医院取得联系，说明患者的情况，将患者送往就近医院，队里派专人护送。

十一、低温冻伤事故处置

（1）发现者立即向作业队长汇报。

（2）让冻伤者进入温暖的房间，饮用温暖的饮料，使其体温尽快升高。

（3）若条件允许，将冻伤的部位浸泡在38~42℃的温水中，水温不宜超过45℃；如果无条件进行热水浸浴，将冻伤部位放在自己或救助者怀中取暖，使受冻部位迅速恢复血液循环。绝不可将冻伤部位用雪涂擦或用火烤，否则会加重损伤。

（4）扩大应急：当全身冻伤者出现脉搏、呼吸变慢，应迅速拨打 120 急救电话，保证伤者呼吸道畅通并进行人工呼吸和胸外按压，使冻伤者逐渐恢复体温后等待救援或送医。

第二节　急救知识

一、心肺复苏术

心脏骤停可能发生于任何时间、任何地点、任何人。在呼叫 120 急救电话到救护车到达现场，平均时间在 12min 左右，而心脏骤停急救的黄金时间是 4min，每拖延 1min，患者的生存概率就降低 10%。我国每年有超过 54 万人突发心脏骤停，其中 90% 发生在医院外，生存率不到 1%，即每天有 1500 人因心脏骤停死亡。以下内容为心肺复苏的步骤。

（一）识别、判断心脏骤停

（1）检查意识：重呼轻拍，观察反应（图 4-2-1）。

（2）检查呼吸：看、听、感（图 4-2-2）。

（3）检查脉搏：触摸颈动脉（图 4-2-3）。

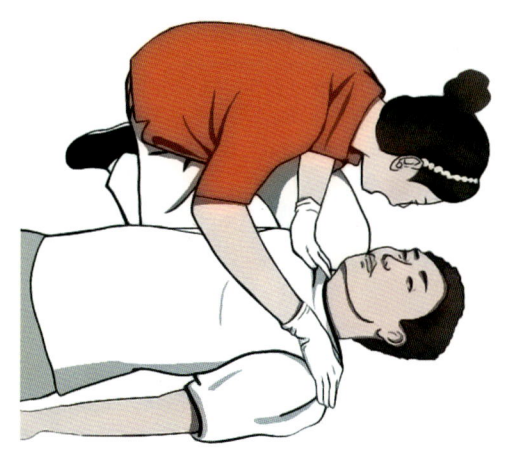

图 4-2-1　检查意识　　　　图 4-2-2　检查呼吸

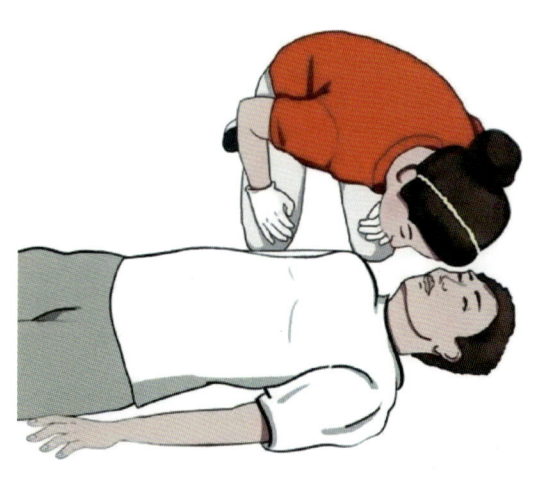

（二）呼救

如果确定被救者没有呼吸和脉搏，则应向周围呼救请求帮助，并指定某一个人拨打120急救电话（图4-2-4）。

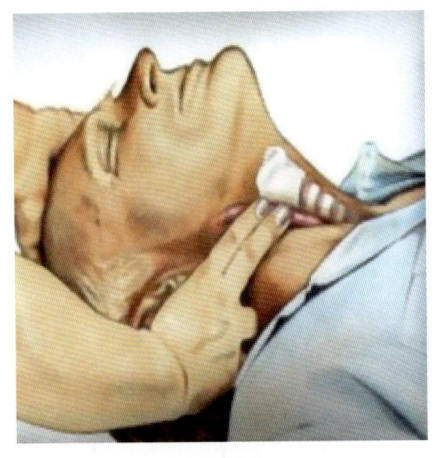

图4-2-3 检查脉搏　　　　　图4-2-4 拨打电话

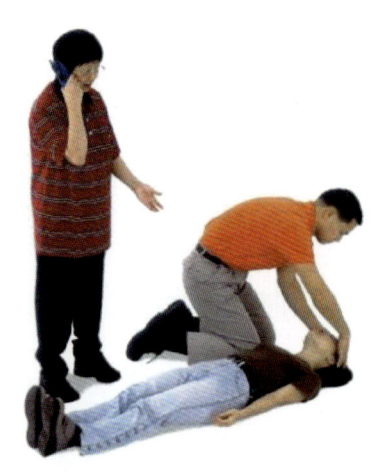

（三）胸外按压

（1）被救者仰卧在较硬的平面上，被救者头、颈、躯干在一条直线上，身体无扭曲，松开衣领及腰带，暴露胸腹部；施救者跪在病人的身体侧方。

（2）按压部位：胸骨剑突上两横指，或男性双乳头连线与前正中线交点处（图4-2-5）。

（3）按压方法：双手重叠，手指锁扣，指端跷起，掌根着力；压下后手掌离开胸壁，让胸廓完全回弹（图4-2-6）。

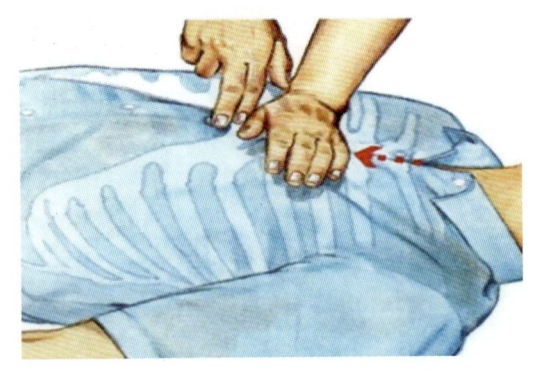

图4-2-5 胸外按压部位　　　　　图4-2-6 胸外按压方法

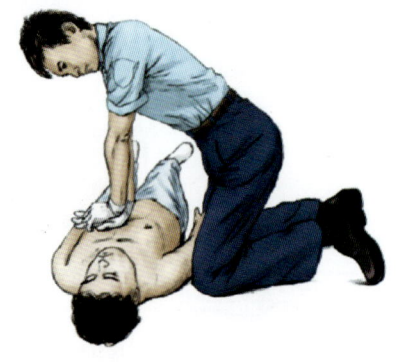

（4）按压频率：100～120次/min。

（5）按压深度：成人为5～6cm，儿童为4～5cm，新生儿为3～4cm（图4-2-7）。

（四）开放气道

（1）判断被救者颈部有无损伤，若无损伤，使其头偏向一侧，用纱布清理口腔及鼻腔异物，现场无纱布则直接用手指代替，清理完恢复体位。

（2）仰面抬颌法：施救者用手掌置于被救者额头部，用另一手食指和中指提起被救者下颌，打开气道（图4-2-8）。

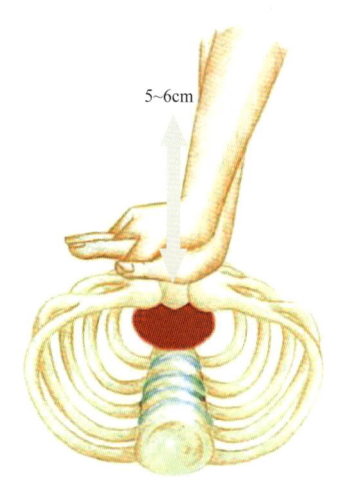

图4-2-7 胸外按压深度

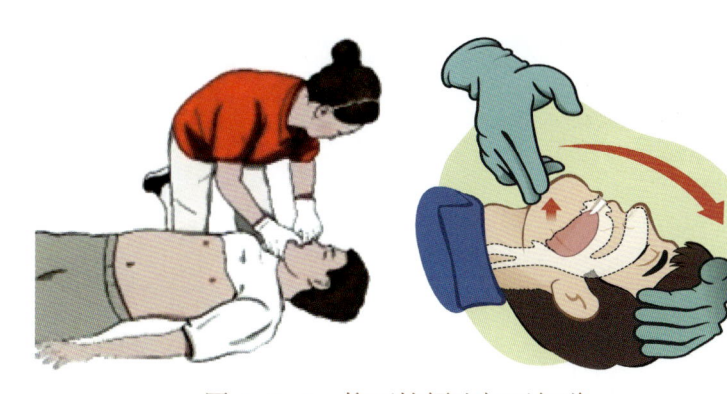

图4-2-8 仰面抬颌法打开气道

（五）人工呼吸

（1）取纱布盖于被救者口唇部，捏住鼻翼，深吸一口气快速吹入，观察被救者胸部起伏（图4-2-9）。

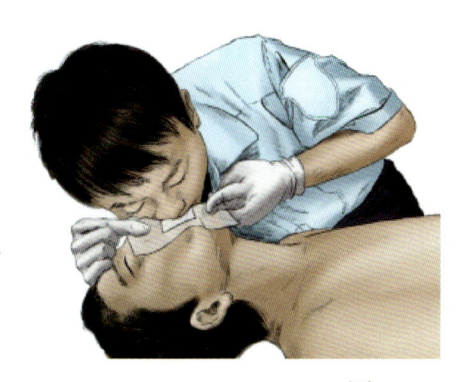

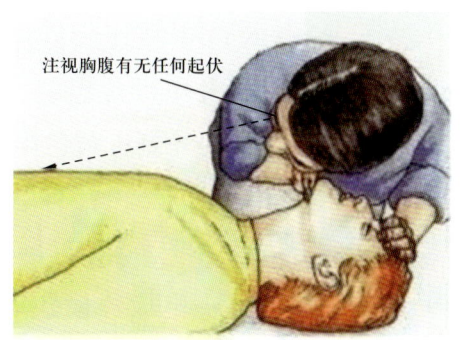

图4-2-9 人工呼吸

（2）胸外按压—人工呼吸比值为30∶2。

二、自动体外除颤仪（AED）

公共除颤计划（PAD）是指推广在公共场所安置自动体外除颤器（AED）并鼓励普通大众等非专业急救人员接受培训，从而成为能随时使用自动体外除颤仪的现场急救者的自动体外除颤仪普及教育活动。

它能够有效帮助室颤或无脉性心动过速所伴发的心脏骤停患者，抢夺病发后的"黄金4分钟"，被誉为"救命神器"。因而近几年我国公共场所AED的配置量明显提高。AED必将出现在我国每一个公共场所待命，成为如灭火器般的存在。图4-2-10为AED实物图。

图 4-2-10　AED 实物图

（一）AED 操作步骤

AED操作步骤如下：

（1）按下黄色 ON/OFF 按钮，打开除颤仪盖子，同时开启除颤仪。

（2）拉下把手以撕开电极片包装，取出电极片，按照图示贴至患者胸部。红色电极片贴在左侧乳头外侧；黄色电极片贴在右锁骨的正下方。

（3）如果红色除颤仪闪烁，并有语音提示需按下除颤键进行除颤，请按下除颤键（红色心形）。

（4）自动分析心律：电极片已正确黏贴并连接，AED准备分析患者心律是否为可除颤心律，这时需要自动体外除颤仪操作者大声提醒心肺复苏施救者停止抢救，不要触碰到患者身体，也需要提醒边上其他操作者或围观者不要触碰到患者以免干扰自动体外除颤仪的分析。

（5）除颤：如果自动体外除颤仪判断为可电击心律，会提示"建议电击，请不要触碰患者"，此时需要再次大声喊出"请所有人离开"，并再次环顾患者四周以确保没有人接触到患者，再按下电击按钮（电击按钮有闪电图标，并会闪烁提醒）。电击完成后自动体外除颤仪会提示"电击完成，请继续心肺复苏"。

（6）如果自动体外除颤仪分析患者为不可电击心律，会自动提示"不建议电击，请继续心肺复苏"，此时请立即从胸外按压开始恢复心肺复苏。

（二）注意事项

（1）自动体外除颤仪主要针对心脏骤停的患者，不应对胸闷、胸痛的患者使用，避免诊断失误或进行不必要的治疗，现场急救同时仍需及时呼叫120。

（2）患者胸部毛发过于浓密、患者皮肤上有过多的水或汗液，需要剃除胸毛，擦拭干净胸部的水或汗液。如果患者衣物也被水沾湿，则电击时要特别注意周围人是否有接触到患者衣物。

（3）所有可移除的金属物体，如表链、徽章等应该从病人前胸去除，不能拿掉的如身上佩戴的珠宝饰物等应该从前胸移开，确保胸前没有异物，以免影响电击，使除颤能量减弱或散失。

（4）可在雪地或潮湿地面使用，避免患者在水中时使用。

（5）如果病人身上有药物贴片，应该去除，或电极片避开这些药物贴片，否则会影响电击传导。

（6）检查环境，确保周围无汽油或天然气等可燃性液体及气体。

（7）分析心律时，不可摇晃病人，若在行驶的车上，自动体外除颤仪无法分析心律，须先将车停稳再使用。

三、海姆立克急救法

急性呼吸道异物堵塞在生活中并不少见，由于气道堵塞后患者无法进行呼吸，故可能致人因缺氧而意外死亡。海姆立克手法是对呼吸道异物阻塞引起窒息非常有效的急救技术。

（一）施救方法：立位腹部冲击法

当患者尚有意识，可采用此法（图4-2-11）。

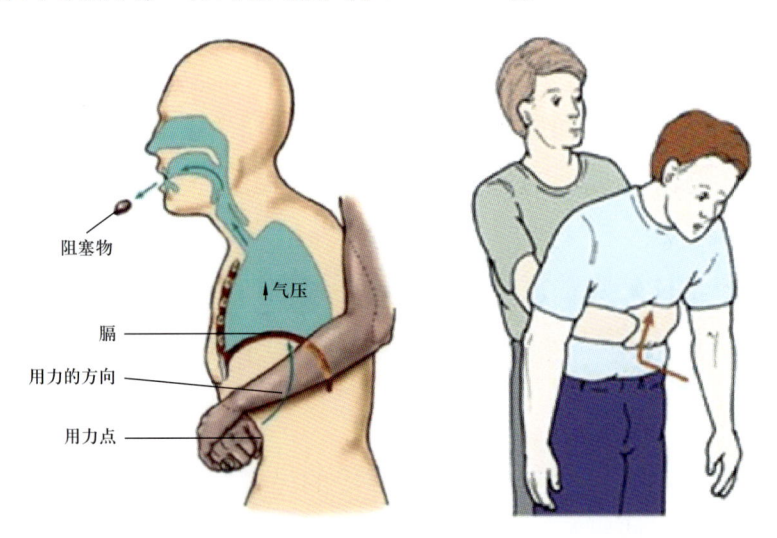

图4-2-11　立位腹部冲击法

（1）急救者首先以前腿弓、后腿登的姿势站稳，使患者坐在自己弓起的大腿上，并让其身体略前倾。

（2）将双臂分别从患者两腋下前伸并环抱患者。左手握拳，右手从前方握住左手手腕，使左拳虎口贴在患者胸部下方，肚脐上方的上腹部中央，形成"合围"之势，然后突然用力收紧双臂，用左拳虎口向患者上腹部内上方猛烈施压，迫使其上腹部下陷。利用肺部残留气体形成气流，重复操作直至异物排出。

（二）施救方法：仰卧腹部冲击法

当患者失去意识时，可采用此法（图4-2-12）。

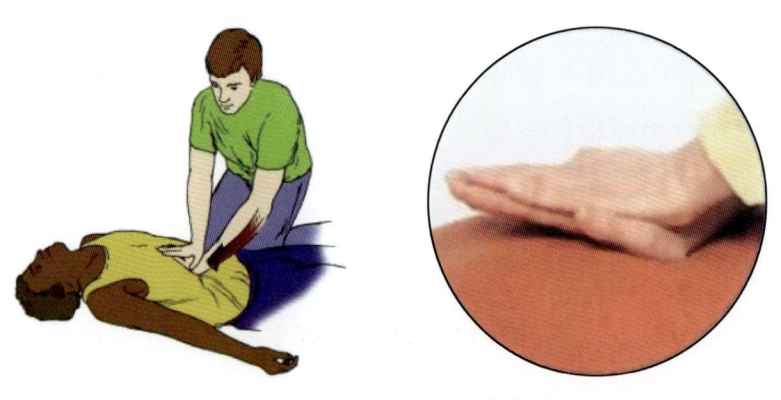

图4-2-12　仰卧腹部冲击法

（1）使患者仰卧，急救者面对患者，骑跨于患者髋部。

（2）两手掌上下重叠后，将下面一手的掌根置于患者胸部下方，肚脐上方的上腹部中央。用身体的重量，快速冲击压迫患者腹部，重复操作直至异物排出。

（三）自救方法

（1）如果自己发生气道异物堵塞，周围没有其他人可以施救，则应立即展开自救。使自己处于站立位，下巴略微抬起，使气管变直。左手握拳，右手握住左手手腕，使用与立位腹部冲击相同的方式，重复操作直至异物排出。

（2）也可以用椅背、桌边等顶住上腹部，快速猛烈挤压，压后随即放松，反复至异物排出（图 4-2-13）。

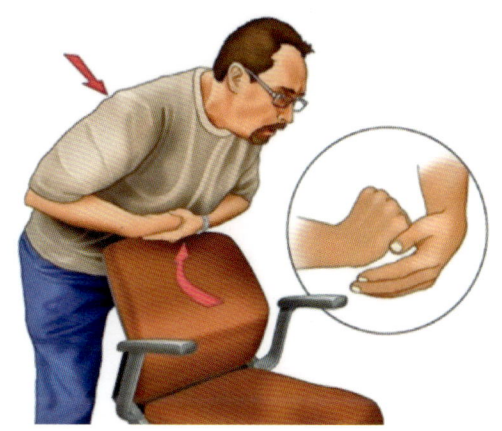

图 4-2-13　自救方法

（四）安全提示

（1）海姆立克急救法不能用于食道异物的紧急处理，因为肺内的气体不会经过食管。同时它还存在一定风险，目前已经报道的使用该技术导致的并发症包括脾脏破裂、胃破裂、胰腺断裂、多发肋骨骨折、广泛性肺气肿等。

（2）在气道异物无法自行通过咳嗽和海姆立克手法排出时，持续有呛咳和呼吸困难表现时，应当立即到医院急诊就医，如果是异物堵塞引起窒息、意识丧失，则在尝试过海姆立克手法无效时应该立即就地开始心肺复苏，并拨打120 急救电话。

四、止血包扎

当发生人身意外伤害事故时，人体会产生一定程度的创伤，如果不及时进行止血、包扎等创伤急救，会使病情加重。因此，为测井（射孔）作业队人员普及创伤急救技术是十分必要的。若这些技术能应用得及时、正确、有效，往往能防止患者病情恶化、减少患者痛苦及预防并发症，甚至挽救患者生命。

（一）止血

1. 加压包扎止血法

用无菌纱布直接压迫伤口约 5min，然后用三角巾或绷带加压包扎。在加压止血的同时，将患肢抬高（高于心脏 25cm），以减缓血流和加速凝血（图 4-2-14）。适用于小动脉、静脉及毛细血管出血。

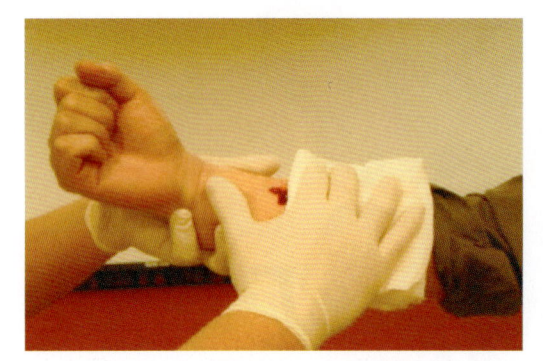

图 4-2-14　加压包扎止血法

2. 指压止血法

根据动脉走向，用手指将出血动脉的近心端，压迫在邻近骨骼上，以阻断血流。适用于头面部、颈部和四肢的动脉出血（图 4-2-15）。

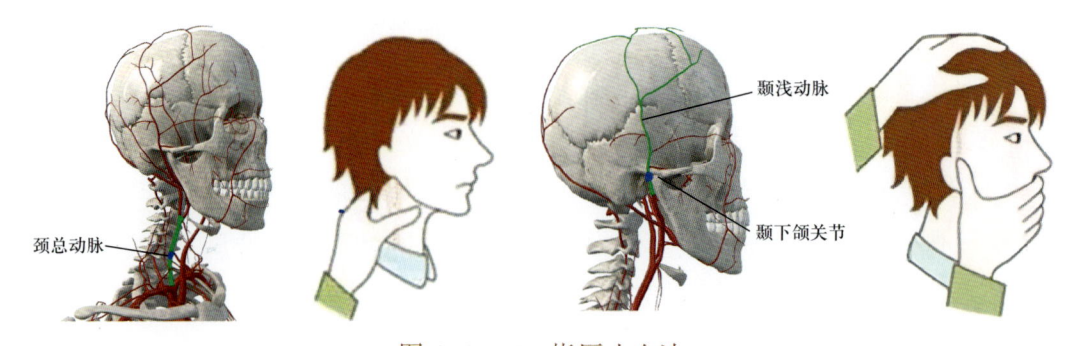

图 4-2-15　指压止血法

3. 屈肢加垫止血法

当前臂出血时，可在肘窝处用纱布或毛巾做衬垫，将肘关节屈曲，然后用绷带或三角巾做"8"字固定，将肢体固定于屈曲的位置（图4-2-16）。适用于前臂和小腿出血。但骨折、关节脱位禁用此法。

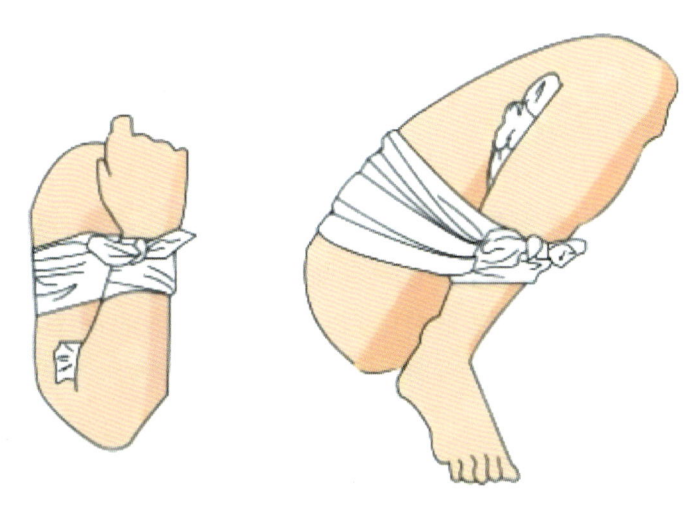

图 4-2-16　屈肢加垫止血法

4. 止血带止血法

先用三角巾或毛巾做衬垫，将止血带缠绕伤肢两周，形成活结。以出血停止、远端摸不到动脉搏动为目的。在止血带标识卡上记录止血部位及时间，并放置于明显部位。应每半小时放松一次止血带，每次放松1~2min（图4-2-17）。

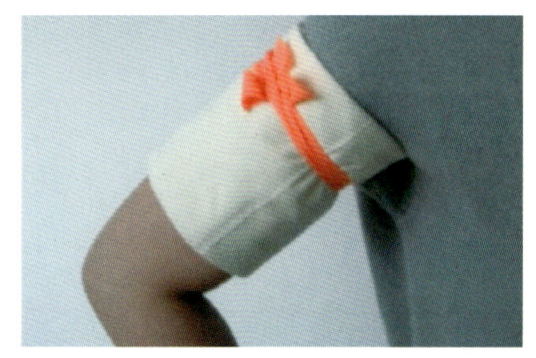

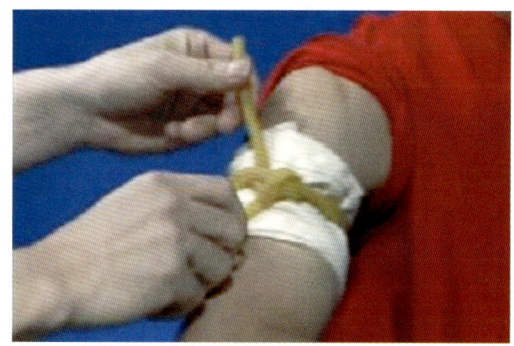

图 4-2-17　止血带止血法

其优点是：能够有效控制出血，适用于四肢大动脉出血，采用其他方法无效时可选用。缺点是易引起肢体坏死。

（二）包扎

包扎的目的：帮助止血、保护伤口、固定敷料和夹板。

包扎材料：绷带、三角巾、头带及其他临时用品，如衣裤、毛巾、床单等。

1. 环形包扎法

适用于身体粗细均匀的部位，如手腕、脚踝、前额、手指及颈部。

操作方法：伤口用无菌敷料覆盖，固定敷料。将绷带第一圈环绕稍作斜状；并将第一圈斜出一角压入环形圈内环绕第二圈。加压绕肢体4～5圈，每圈盖住前一圈，绷带缠绕范围要超出辅料边缘。最后将绷带多余的减掉，用胶布粘贴固定，也可将绷带尾端从中央纵行剪成两个布条，然后打结（图4-2-18）。

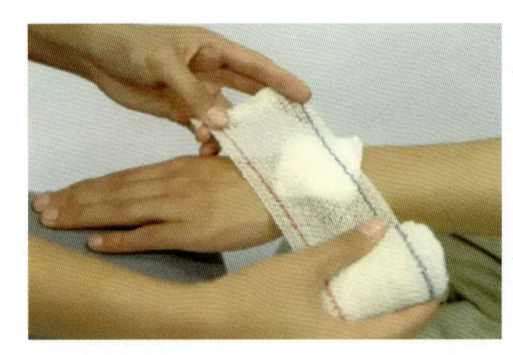

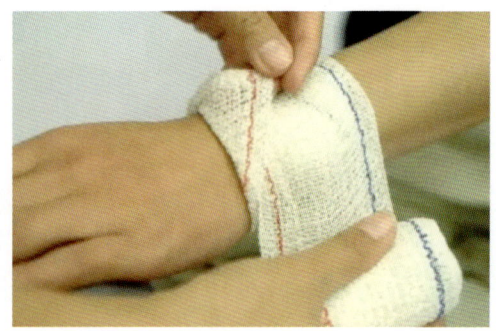

图 4-2-18　环形包扎法

2. 螺旋包扎法

适用于身体粗细不等的部位，如大腿、前臂等。

操作方法：伤口用无菌敷料覆盖，固定敷料。先按环形法缠绕两圈。从第三圈开始上缠每圈盖住前圈三分之一或二分之一呈螺旋形。最后以环形包扎结束。

注意：包扎时应用力均匀，由内而外扎牢。包扎完成时应将盖在伤口上的敷料完全遮盖（图4-2-19）。

3. 三角巾包扎法

三角巾的组成：顶角、底角、底边、斜边、系带。图4-2-20为三角巾实物图。

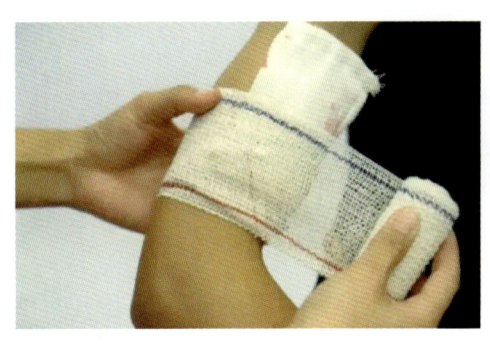

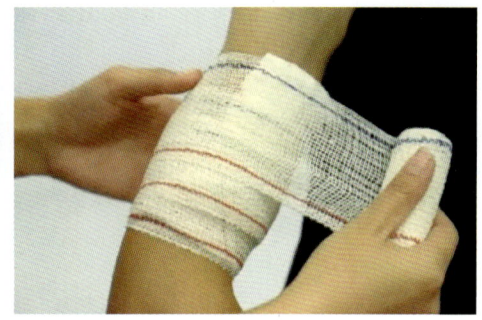

图 4-2-19　螺旋包扎法

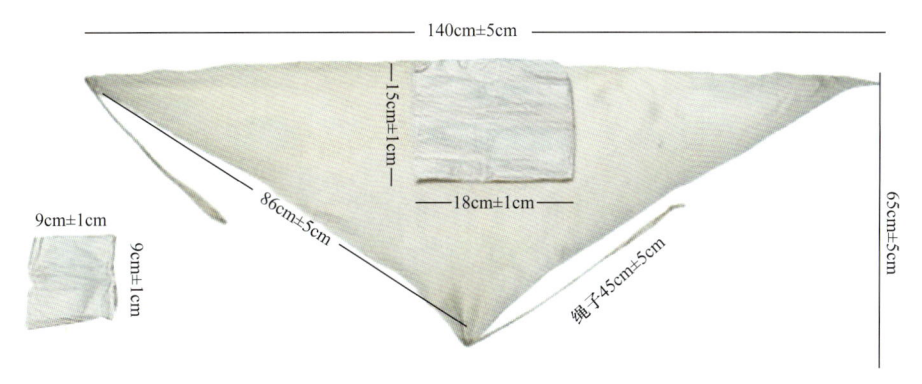

图 4-2-20　三角巾实物图

用途：用于包扎、悬吊受伤肢体，固定敷料，固定骨折等。

优点：制作简单、携带方便、包扎时操作简捷，包扎面积较大，适用于各个部位的包扎。

缺点：不便于加压，包扎不够牢固。

（1）头部帽式包扎：无菌敷料置于伤口处。将三角巾底边反折两指宽，底边中点置于伤者前额。顶角经头顶拉到枕后，盖住头部。三角巾两底角在枕部交叉，然后在前额打结。最后将顶角拉紧并反折塞于底角在枕部交叉处（图 4-2-21）。

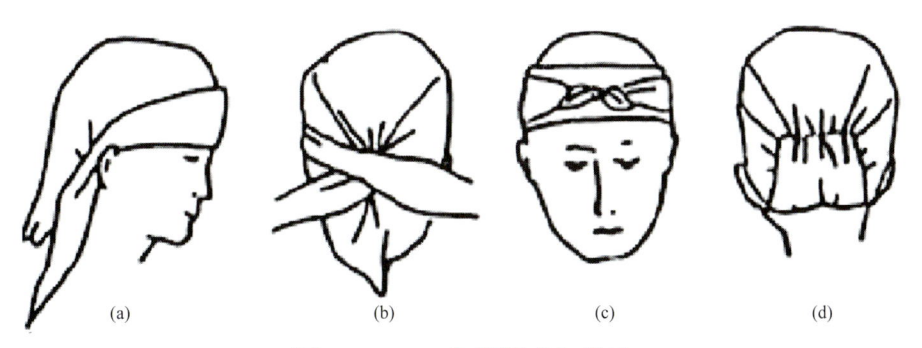

图 4-2-21　头部帽式包扎法

（2）上臂悬吊式包扎：如果伤者上臂、前臂受伤或骨折。可采用此包扎法。首先将患肢屈肘80°左右，无菌敷料置于伤口处。将三角巾展开铺于胸前，底边与躯干平行，顶角对着肘关节，提起三角巾下端的底角绕到颈后，与另一底角打结，打结处垫衬垫。最后将顶角多余部分折塞于肘部（图4-2-22）。

图4-2-22　上臂悬吊式包扎法

（3）手掌三角巾包扎：如果手掌受伤，敷料置于手掌处。采用图4-2-23所示方法进行三角巾包扎。

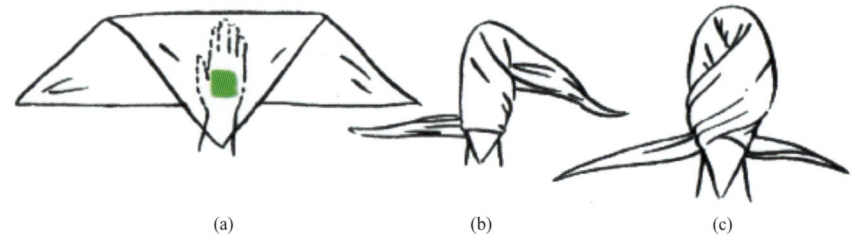

图4-2-23　手掌三角巾包扎法